武汉重点功能区
规划实践

WUHAN KEY FUNCTIONAL DISTRICT
PLANNING AND PRACTICE

武汉市国土资源和规划局
武汉市土地利用和城市空间规划研究中心　主编

盛洪涛　等编著

中国建筑工业出版社

《武汉重点功能区规划实践》编委会

编制单位：武汉市国土资源和规划局
武汉市土地利用和城市空间规划研究中心

主　　编：盛洪涛

副 主 编：殷　毅　陈　韦　黄　焕

参编人员：陈　伟　彭　阳　亢晶晶　张　琳　杨　俊
　　　　　何　蕾　陈　渝　汪　文　宁　玲　徐桢敏
　　　　　柳应飞　伍　超　李延新　周艳妮　傅　倩
　　　　　何　梅　汪　云　林建伟　龙骅娟　产江伟
　　　　　吴俊荻　常四铁　罗　岑　程望杰　游　畅

目 录 CONTENTS

前言　战略与实施

PREFACE Strategy and Implementation

2012年初，武汉市提出了"建设国家中心城市"的战略目标；2015年，获批"长江中游城市群核心城市"，城市建设发展迅速，城市功能、空间处于梳理重构的关键期。在此背景下，以城市功能特别是战略型功能为核心的功能区开发，成为落实和承载国家有关发展战略的主要"抓手"。为强化功能区规划在城市规划建设中的统筹协调职能，发挥其在城市战略、片区发展和项目实施等方面的"主动干预"作用，武汉市国土资源和规划局从"宏观战略"、"顶层设计"出发，构建了"两段五层次、主干加专项"的实施规划编制体系，相继开展了汉口沿江商务区、二七商务核心区、姚家岭地区、归元寺片区、澳门金角片区等各类重点功能区规划编制工作，取得了显著成效。

2014年至2015年，武汉市在前期规划工作的基础上，继续丰富了功能区规划的内涵，秉承"功能性、规模性、主导性、支撑力"四项原则，按照"战略集聚、分级实施"思路，构建了"重点功能区—次级功能区—提升改造区"三级功能区规划体系。这"三大层次功能区"规划充分结合武汉自身的特色空间格局，顺应各级政府的责权划分，全面统筹了武汉市城市经济产业发展、城市更新、工业遗产及历史街区保护、生态景观保护与塑造等工作，相互支撑，互为补充，形成合理完善、开放有序的空间体系。

本书是"武汉市重点功能区实施规划丛书"的第二辑，重点收录了武汉市2014年至2015年"功能区规划"的思考和实践，可以起到完善模式、推进实施的作用，以指导后续城市功能区实施规划的编制，并与规划同仁共勉。

本书主要包括以下几方面内容。

（1）完善功能区规划体系，丰富功能区规划类型。纵向上，构建了"重点功能区—次级功能区—提升改造区"三级功能区规划体系，全面调动各级政府积极性，整合推进"三旧改造"、基础设施更新等各项工作；横向上，在原有城市中心型功能区规划基础上，深化开展了历史街区型、文化保护型、生态景观型功能区规划。

（2）探索功能区实施规划法定化，创新规划编制管理理念。在各级、各类功能区规划编制实践中摸索"规划统筹、土地支撑、专项协调、空间落实"的规划实施路径；在武汉市法定规划框架下，针对各级、各类功能区实施规划的具体特点，开展功能区实施规划控制内容法定化转化的方式。

（3）突出功能区规划编制组织工作，提高功能区规划的适应性和可操作性。探索市区联合、专业协作、经济支撑、计划保障的功能区实施规划编制体系和组织模式，更好地发挥规划统筹作用；注重规划—市场互动，方案—实施互动，公益—效益互动，探索功能区规划的统筹协作平台、实施操作平台、规划管控平台的综合引导作用。

武汉市功能区规划体系的不断完善，大大推进了武汉市规划管理工作的精细化、政策化转变进程，实现了武汉市规划编制与管理从量变到质变的飞跃。规划没有终点，以行动和实施为宗旨的实施规划更没有终点，后续问题有待在规划实践中不断摸索、尝试。

PART 1

01

上篇 谋与略——规划体系探索

武汉市城市功能区实施规划体系探索与实践

Planning System Exploration And Practice of Wuhan Urban Functional District

【摘要】城市功能区是实现相关社会资源空间集聚，有效发挥某种特定城市功能的地域空间，是特大城市空间结构优化、存量用地更新提升、城市产业升级的重要载体。武汉市针对规划编制和实施中的实际问题，面向武汉未来城市定位和发展目标，建构了"重点功能区—次级功能区—更新提升区"的城市功能区实施规划体系，形成了"两规合一、规划统筹、成片开发、多规集成"的规划方法，大大提升了土地价值，落实了公益需求，加快了建设进度，促进了功能提升和产业集聚。

Abstract: An urban functional zone is a geographic cluster of social resources that leads to the upgrade of certain urban function. The systematic distribution of functional zones can effectively contribute to urban spatial structure optimization, urban renewal, and industrial upgrading. In order to improve construction of functional district, Wuhan has built an implementation planning system, in which system, the functional districts are divided into three kinds including central functional zone, secondary functional zone and renewal zone. This implementation system has integrated urban planning, land use planning and transport planning, and devoted to functional zone construction as a whole. Through this system, the building of functional zones can effectively increase the land value, improve public interest, and upgrade urban function.

2000年以后，"中部崛起"、"两型社会"、"自主创新"等三大战略先后聚焦武汉，2013年，武汉进一步确立了"国家中心城市"发展目标，迎来了百年来难得的发展机遇。然而，目标实现的必由之路是武汉必须直面中部五省乃至全国的激烈竞争，全面提高城市综合竞争力并在多个主导功能上具有绝对优势。城市发展的关注点由此转向"战略节点功能"的集聚与辐射、民生服务水平的全面提升、环境特色的倾力打造。作为"发展龙头"的城市规划，在城市间的激烈竞争中被赋予谋划产业发展、经营城市资源、参与市场营销等新的功能，在扮演"管控"作用的同时，也承担着更加积极的、具有企业家眼光的角色。

在此背景下，武汉市政府先后在2003年的旧城改造中提出了"平方公里开发"的概念，在2006年控规编制中提出"规划管理单元"概念，积极寻求城市功能与空间实体的结合，以及规划主动作为、推动实施的途径和手段，通过不懈努力与多方实践，逐渐摸索出"两段五层次、主干加专项"的"两规合一"规划编制体系，建立了以"功能区规划"为核心"抓手"的规划实施体系，通过"重点功能区—次级功能区—改善提升区"的三层次规划，全面统筹市、区政府以及市场的发展意愿，高度整合城市发展资源，创新性地提出了功能区规划体系。

1 功能区实施规划的概念内涵

功能区是实现相关社会资源空间集聚、有效发挥某种特定城市功能的地域空间。一个实现资源优化配置的现代城市，是由多个特点清晰明确的功能区组成的。城市的职能就是由这些功能区充分发挥自己的作用来实现的。

功能区实施规划是以城市规划为平台，在城市总体规划、土地利用总体规划、国民经济和社会发展规划、近期建设计划的指导下，通过对多种土地产权主体的统一干预，整体打造片区功能，集中投放建设资金、统筹布局公益设施、提升空间品质特色、协调城乡、统筹土地和投融资计划，有目的、有计划、分层次地实施城市功能、整合城市资源、集聚各类城市建设要素的综合行动规划。

2 功能区体系构建

武汉市国土资源和规划局秉承"功能性、规模性、主导性、支撑力"四项原则，按照"战略集聚、分级实施"思路，构建了"重点功能区—次级功能区—提升改造区"三级功能区规划体系。其中，"重点功能区"是着眼于武汉"国家中心城市"功能要求，举全市之力集中建设，投资最集中、配套最完善、建设最高效的功能区，功能核心的规模控制在1.0平方公里以内，主导功能用地占比控制在40%甚至50%以上；"次级功能区"是城市重点功能区之外，以区政府为主体推进实施的城市集中功能区，按照周期短、见效快、主题突出、规模适度等原则，结合"三旧改造"、轨道站点布局整体规划、整体建设的功能区，规模控制在3～15公顷，功能特色突出，尤其是生活配套设施及公益性设施完善；"提升改造区"针对历史文化风貌区、优秀历史建（构）筑物和工业遗产以及质量较好、集中成片的旧城区进行功能更新和环境改造，避免大拆大建，主要通过完善配套设施，提高环境品质，满足市民生活的具体需求。

这三大层次功能区规划充分结合武汉自身的特色空间格局，顺应各级政府的责权划分、相互支撑、互为补充的分工，形成合理完善、开放有序的空间体系。

3 功能区实施规划的作用和意义

不同于传统规划体系的被动"审查管控"，功能区实施规划强调"城市经营"理念下的主动谋划与行动实施。通过超越宗地的整体开发规划，积极支撑各级政府的发展意图，合理引导市场投资建设热情，通过"规划项目化"和"项目空间化"落实总体规划、各专项发展规划的发展意图。基于以上特点，功能区规划的作用和意义主要体现在以下几个方面。

3.1 整体成片开发，提升城市功能

回顾武汉市3年来近期建设规划及年度实施计划的实施成效，仍然存在一定程度上的"村村点火、处处冒烟"、只见建筑不见功能的问题。分散建设、零星开发往往伴随功能疏解难、拆迁腾退难、市场融资难、规划实施难等诸多瓶颈，市场主体追求利益最大化，或寄希望于降低建设标准，或寄希望于盲目堆积建筑规模，改造完的区域甚至形成新的问题区域。开发商对住宅建设的高度热情加剧了主城已经过度密集的人口问题，金融、商贸、研发等现代服务业用地被零星包裹在住宅用地中，难以形成规模效应，影响力、辐射力有限。

武汉市功能区实施规划通过成片整体开发破解了分散零星建设的魔咒，统筹布局区域用地，合理划分功能单元，实现武汉优势功能建设的实质性突破。同时，集中的资源投放与开发建设，更容易形成规模效应和投资合力，确保"推动一片、建成一片、收益一片"，并以点带面，引导城市空间结构和功能结构的优化。目前，武汉市明确划定了"7+4"的全市重点功能区，并全面完成了全市重点功能区的实施规划和控制性详细规划转换工作，对于全市现代服务产业引导、全市轨道及交通设施建设、全市土地与资金投放等起到了较好的引导和集聚作用。

3.2 资源集中投放，提升土地融资效率

1994年的分税制改革界定了中央和地方政府的权益边界，土地财政在地方财政的收入比重持续上升，成为地方政府财政收入和城镇化发展的最重要来源。然而，土地资源是有限的，武汉中心城区老旧住宅、零星工业用地已基本纳入"打包"或者土地储备机构的计划范围，占中心城区陆域面积的30%，预计可平衡资金1068亿，与"打包项目"2024亿的资金需求相比，资金平衡率仅52.8%。一方面，可用于"打包"的土地资源已消耗殆尽；另一方面，现行的土地融资模式并未最大限度地发挥土地的经济价值。为快速推动城市建设，部分地区在基础设施尚不完备、周边开发尚不成熟的条件下将"生地"打包，土地收益率较低，如武汉王家墩地区、四新副中心区、杨泗港等地区"打包"项目的土地储备收益不到全市主城区平均土地储备收益的一半；同时，受到拆迁、安置、重大项目建设等因素影响，那些实施难度较小的用地往往被优先收储，导致部分开发用地规模偏小、辐射带动力不足，土地的价值潜力不能完全发挥。

功能区实施规划，可以合理引导各级政府的发展意愿，集中政府财力，整合各类城建计划，在功能区实施规划的统筹指导下集中投入，大大提升土地附加值，提升土地价值，取得与周边项目的协调发展，大大提高了城建资金、项目建设和土地收益的综合效应。以二七商务核心区实施规划为例，该区被定位为武汉市面向国际企业、地区企业总部的总部办公区，总用地面积80.3公顷，遵循"统一规划设计、统一土地整理、统一组织建设、统一使用资金、统一征收安置"的工作原则，由市土地储备中心全面整合地铁、城投等各"土地包主"手中的土地，在赋予该地区全新定位的同时，全面落实了该地区国际化标准的基础设施建设，迅速吸引了市场和中外企业关注，区域本身和周边地区的土地价值大幅提升。

3.3 整合各类城建计划，落实城市公共利益

近年来，"人"的城镇化成为"新型城镇化"的核心要义，受到党中央、国务院的高度重视，"转变发展方式、提升发展质量、满足民生需求"成为各级政府的新形势下的工作目标。《武汉市总体规划》获批后，武汉市规划局先后组织编制了医疗、教育、养老、文化、公交等13项关系民生的专项基础设施和公共服务设施规划，从系统上构建了城市级别服务职能体系。然而理性的市场永远追求短期的利润最大化，这些关系民生的城市公益设施、市政基础设施、绿地等项目没有回报或回报周期较长，市场无人问津。分散化、小规模的开发模式本身用地有限、还建困难，更是不断排挤这些公益设施——有的永远无法获得实施；有的即使最后由政府投资实施了，也常常错失了公共投资旗舰引导和以点带面开发的最佳时机。

功能区实施规划的成片开发模式能够在更大范围内进行功能和空间的统筹，促进江湖连通、增加绿地公园，提供充足的医疗、教育、养老、游憩空间和设施，加快轨道交通、快速路、慢行系统、次支路网以及城市排水设施建设；帮助各级政府明确城市建设重点，统筹全市土地储备供应、城市投融资、各项公益设施及基础设施建设。在功能区体系的逐步完善和建设中，民生系统不断完善，服务水平不断提高，集中建设周期的缩短也将给施工带来的诸多不便大大减少，方便了市民生活，提高了幸福指数。

4 功能区规划的方法内容与机制创新

4.1 责任明确，以区为主的功能区实施模式

有别于传统规划的管控引导，功能区实施规划更关注近期行动倾向。如果说功能区体系规划是市、区政府在城市发展战略上达成的共识，那么每一个功能区实施规划则是区域本身的自我包装和产品营销。功能区规划的重点不是去寻找"理想的终极蓝图"，而是寻找近期实施的可能途径，力图与国民经济发展规划一致，与政府的任期一致，强调政府的主导性和政府意志的体现，更容易受到政府的认同。

功能区实施规划涉及规划设计、土地征收、招商引资等各阶段大量的统筹协调工作，如果缺少有力的责任管理主体，则工作推进乏力。区政府属地管理特性更熟悉区域本身的优势，更易于拆迁安置，因此，在功能区规划中均以区政府为主导。为充分尊重区级政府的发展意愿，确保功能区规划编制既具有较高水平，又具有较强的可实施性，功能区规划编制采取"区委区政府+市规划局"、"本地设计机构+国际专业设计机构"、"区规划分局统筹"的"2+2+1"模式，并成立工作站提高联络效率，及时解决规划过程中的种种问题。

4.2 综合统筹，多规集成的功能区规划方法

武汉市抓住"规土合一"的先天优势，摸索出"规划统筹、土地支撑、空间落实、计划保障"的规划编制模式，构建了"1+3+1"的规划编制阶段：第一个"1"即城市设计阶段，工作重点可以概括为以控规为基础的"划范围、明功能、树形象、定项目"；"3"指实施规划阶段的3项主要专项支撑规划，根据每个项目的具体需求，开展交通市政、地下空间、绿化环境景观等专项研究，并将医疗、卫生、教育、文化、养老等专项规划的相关要求落实到功能区规划平台上，并根据规划方案优化控规导则；最后一个"1"是指方案转化与固化阶段，全市重点功能区规划均落实到修建性详细规划深度，将城市设计理念、实施规划相关要求、地上地下一体化开发要求全部落实到修建性详细规划方案中；次级功能区规划在主体明确的情况下可进一步开展修建性详细规划固化方案，在主体不明确的情况下，转化为控制性详细规划细则，明确规划控制要求。

作为以行动和实施为宗旨的规划，功能区规划注重横向统筹，一方面将各有关部门规划、各专项规划在功能区规划平台上集成，在空间布局中落实；另一方面引导各有关部门按照规划，优先将相关项目纳入本年度建设计划、"城建攻坚计划"、"土地供应计划"，确保围绕功能区形成合力。

4.3 规土融合，综合平衡的实施机制

功能区实施规划的开展是城市规划和土地利用规划双轨制的结合，能够在二者之间构建统一的行动框架，确保规划的有效实施和土地利用效益的最大化。

一是确定了统一的土地储备机构——重点功能区涉及多家土地储备或"土地包主"，其土地储备时序、建设计划、开发进度的安排各不相同，协调难度大。经反复研究和讨论，武汉市明确了重点功能区内土地统一储备的机制并明确了协调各"包主土地"收益分配具体意见；次级功能区规模不大，在范围划定上与土地权属、土地储备范围、各"包主土地"打包范围衔接，原则上由一家土地储备机构或建设机构统一储备，以易于功能协调和整体实施。

二是要综合平衡土地成本与开发资金——功能区规划的基本思路即通过基础设施、公益设施的高水平投入获得土地增值收益的最大化。其土地成本测算不仅仅包括土地征收、建筑拆迁的单一成本测算，还涵盖规划设计、道路及市政基础设施投入、绿化及环境景观塑造、公共地下空间整体开发、公益性设施建设等"高附加值"投入的相关成本。通过综合成本测算合理确定土地价格，实现区域整体品质的提升和社会环境效益的最大化。

三是制定合理有序的土地供应政策——充分利用"规土合一"的优势，以规划引导土地有计划、有目的的储备与供应，以市场接受度较高的用地规模划分方式，包装项目库，将空间化的控制内容转化为项目化的实施平台，更好地服务招商，发挥政府与市场黏合剂的作用。

结语

武汉市近年来的功能区实施规划探索，是在我国现行法律框架、行政制度、财税制度和市场经济大背景下的积极思考和主动回应，也是对武汉市"规土合一"制度优势的充分利用，其建立的"重点功能区—次级功能区—改造提升区"的三层次规划，"以区为主、多规集成、综合平衡"的工作体制理顺了市区关系，提高了土地收益，疏导了市场热情，构建了与法定规划体系互为配合、相辅相成的实施体系，而"1+3+1"的三阶段规划和"规划统筹、土地支撑、空间落实、计划保障"的方法创新更从技术上成为规划体系改革的"先行军"和突破点。

"互联网+"条件下的城市功能区演进趋势探析

Trend Exploration of Urban Functional District Evolution Based on "Internet Plus"

【摘要】进入21世纪以来，互联网已深刻改变了人类的生产生活方式。2016年"两会"召开期间，国务院总理李克强在《政府工作报告》中首次提出要制定"互联网+"行动计划，在国家政策层面将"互联网+"作为引领创新驱动发展、推动产业转型升级的重要引擎。在此条件下，城市功能区作为社会经济发展的主要空间承载体，也随着"互联网"的发展而产生新的变化。本文主要探讨"互联网+"条件下，城市功能区的发展路径、影响因素和可能变化，并就规划响应和探索实践方向提出初步分析。

Abstract: Since entering in twenty-first Century, the Internet has profoundly changed the way of human production and life. During "NPC and CPPCC" of this year, Premier Li Keqiang called on the whole society to develop the "Internet plus" action plan. "Internet plus" industry will be promoted as the leading engine to economic development and industrial transformation. Under these conditions, as the main spatial carrier of social and economic development, the construction of urban functional districts face new changes. Therefore, this paper mainly discusses based on internet plus, functional districts development path, city function region factors and possible changes.

1 城市功能区的类型和发展路径

1.1 城市功能区的类型

在传统城市规划理论中，城市功能区概念暗含于功能布局之下，历来是城市规划关注的重点之一。近年来，规划界广泛运用的"功能区"一词，主要源于我国发改部门推行的主体功能区规划。其基本定义为：基于不同区域的资源环境承载能力、现有开发密度和发展潜力等，将特定区域确定为特定主体功能定位类型的一种空间单元（国务院关于主体功能区规划编制要求，2007）。其概念本质是发展政策的空间区划和投射，具有宏观性和指导性。

与主体功能区的政策属性所不同，城市规划理论中的"功能区"具有更多的空间属性，是实现相关社会资源空间聚集、有效发挥某种特定城市功能的地域空间，是城市有机体的一部分（颜芳芳，2010）。此处所探讨的城市功能区，即是在规划概念下城市发展主导性功能所集中地区的空间实体。

按照不同标准，城市功能区存在不同的类型划分。根据与经济发展的相关程度，总体上分为经济功能区和非经济功能区两大类。

（1）经济功能区

经济功能区是指拥有主导产业，能够直接产生经济效益的城市功能区，主要包括商业区、商务区、工业区、科技园区、旅游区等细分类型。其中，商业区主要是市、区级商业网点集中的区域，商业规模较大、商品种类齐全，能够满足多方面的商业消费需要，一般位于交通便利的城市中心；商务区主要是大量金融、贸易等生产性服务企业聚集，并拥有较好的办公条件和酒店、公寓等配套设施，一般位于城市核心地段；工业区是以制造业为主的地区，一般位于区域交通干线、河流码头等周边区域；科技园区是以技术创新和新兴产业发展为主的地区，一般位于科研院所、大专院校集中的智力密集区域；旅游区则是以各类旅游资源为依托，以旅游经济消费为主要目的的园区，又可分为自然景观旅游区和人文景观旅游区。

（2）非经济功能区

与经济功能区相对应，非经济功能区不能直接产生经济效益，主要包括行政、文体区、居住区等细分类型。其中，行政区主要集中城市政府各类政务、公共服务部门；文体区是市、区级以上的大型文化、体育设施集中的区域；居住区是城市最基本的功能区，主要是住宅密集，就近生活服务配套的区域。

值得注意的是，在社会分工高度细化和经济发展高度融合的背景下，经济功能区和非经济功能区在空间上往往呈现交融发展格局，因此在一般城市功能区识别中，往往同时具有经济功能区和非经济功能区的特征。

1.2 城市功能区的发展路径

城市功能区的发展由区位、经济、社会和空间环境等各类因素综合促成，其发展路径大致可分为市场自发形成、政府推动形成和综合推动形成三种类型。

（1）市场自发形成

一般情况下，城市功能区是由市场自发形成的。主要原因是特定区位条件下，在发展某一城市功能方面具有相对比较优势，例如临近交通节点便于形成商业区。这种比较优势能够促进特定城市功能的不断集聚，形成城市功能区。

（2）政府推动形成

这种模式是在城市政府根据城市发展需要，通过政策、资金和土地综合投入推动形成的。比较典型的是法国巴黎的拉德芳斯商务区。巴黎政府为满足二战后日益增长的商务发展需要，通过主动规划建设，沿城市主轴线在塞纳河畔开发形成大型商务区。

（3）综合推动形成

这种模式是在城市功能出现一定的市场聚集后，城市政府介入控制、引导而形成。比较典型的是纽约曼哈顿CBD。在早先市场因素促成银行业聚集而空间条件有限的情况下，组约市政府在曼哈顿中城和下城的传统边界，规划新建了布鲁克林下城区、长岛和远西等三个分区，并对CBD范围内的各种商务功能进行规划统筹，加强立体空间开发，实现了政府引导市场有序聚集。

2 "互联网+"条件下城市功能区发展案例

城市功能区的发展路径并非一成不变，而是各类发展要素综合促进形成的空间演进过程。当前，"互联网+"条件下，传统的功能边界正在发生颠覆性变化，功能区作为承载的空间形态，亦将发生巨大变化。从世界范围的城市发展来看，"互联网+"对城市功能区的影响还限于局部个别城市；但长远来看，将成为未来城市发展，尤其是各级中心城市发展的重要影响因素。

2.1 美国硅谷：市场自发形成

美国"硅谷"是市场自发形成的科技功能区。其主要形成原因是早期美国军事工业发展带来的半导体相关产业发展聚集，同时受益于斯坦福大学、加州大学伯克利分校等世界知名大学的人才聚集优势，在市场经济发展条件下各类风险投资、中介服务等共同集聚，进一步促进了科学、技术、产业的融合发展。在这个过程中，城市政府并不直接介入，而是主要提供自由的创新环境和健全的法律环境，硅谷内各种企业按照市场原则，形成了独特的人才引进和激励机制、科技成果产业转化机制，形成了硅谷不断发展的动力。

2.2 深圳蛇口工业园：政府推动形成

蛇口工业园既是我国第一代对外开放的工业园区，又是当前深圳市创新产业发展的典型功能区。其功能发展过程充分体现了城市政府的综合推动作用。蛇口工业园位于深圳湾西侧，与香港隔海相望，在改革开放初期依托特殊政策和香港出口加工基地转移的时机发展成以外资(港资)企业为主的制造业加工基地。在深圳产业结构升级的背景下，蛇口工业园抓住新兴产业发展机遇，结合国家"三旧"改造政策试点，将传统制造业园区转型升级为以科技、文化创新为主的科技园区。在这个过程中，政府一方面通过积极的产业导入政策，推动创新、创意产业集聚，另一方面还通过打造具有吸引力的公共空间、多样化的居住服务保障，促进蛇口工业园的综合功能转型。目前，国家新近批准的广东自贸区再次涵盖蛇口工业园，将进一步促进其功能发展。

2.3 北京中关村：综合推动形成

北京中关村是中国首屈一指的科技园区，其发展历程主要体现了市场主导和政府推动的综合作用。在其发展形成初期，中国科学院、北京大学、清华大学等科技人员"下海"经商，形成"电子一条街"。在大批民营科技企业聚集发展的情况下，政府分别在1988年主动推出了《北京市新技术产业开发试验区暂行条例》，1999年印发《关于建设中关村科技园区有关问题的批复》，通过划定园区范围、实施特殊政策来促进其科技创新功能发展，并成立专门的管理机构，负责园区的综合管理。其后，在市场经济和政府推动的双重作用下，中关村经历了多次空间扩张，其空间扩张方式既包括主动纳入新兴产业聚集区，又包括政府主动划定的专类科技园区，共同形成了"一区十六园"的发展格局。

2.4 小结

综合来看，以互联网为代表的信息技术革命，不仅促进了传统产业的升级改造，更渗透到各个行业和社会、经济、生活的各个角落；不仅改变了信息的传输、交换、储存方式，更改变了人们沟通、信息获取和利用的方式；不仅改变了社会资源配置的方式，更推动了人类的经济和社会组织方式的变革。美国硅谷、深圳蛇口工业园、北京中关村等园区的兴起和发展，都与互联网等新兴科技产业发展具有较强的关联性，但在实际发展影响中各有不同。美国硅谷是互联网因素影响最为深刻的地区，互联网对科技创新、成果转化和人才聚集等方面发挥了至关重要的作用，其市场主导要素主要通过互联网相关产业发展而实现。深圳蛇口工业园、北京中关村更多的是以互联网为产业入口，通过政策、资金、空间等其他方面要素的集中投入，形成新的城市功能区。

3　"互联网+"对未来城市功能区演进的影响分析

3.1　"互联网+"对城市空间的影响途径

（1）对产业组织的空间影响

在"互联网+"条件下，传统产业通过信息技术、互联网实现融合发展，原有的产业边界逐渐变得模糊，产业跨界发展成为"新常态"。例如，世界500强、零售业巨头沃尔玛最新的自我定位是信息企业，主要运用信息技术进行运营的销售企业。我国具有以制造业为基础的雄厚实体经济，在"互联网+"条件下，能够通过信息技术平台更好地整合创新资源，加大企业内部与外部、国内与国际研发资源整合，通过研发资源共享提高创新成功率，加快创新成果应用，并分担创新投入风险。

就其空间影响而言，主要体现在三个方面：一是制造过程的智能化——通过工业互联网与人工智能技术紧密结合，以网络技术实现对制造过程的智能化控制，从而减少人力成本投入，反映到空间上就是传统制造方面的单位用地就业密度降低；二是管理流程的信息化——"互联网+"能够大幅提升企业管理效能，形成高效办公体系、快速市场反应机制和智能化物流管理，反映到空间上是各类企业管理与生产制造、物流储运形成相对分离；三是企业联系的网络化——各类企业基于信息技术平台，根据产品链、物流链、金融链、创新链等各类横向、纵向联系，形成高度复合化的"生态系统"，基于"互联网+"产业的全球研发、全球生产、全球配送及全球销售成为可能，反映到空间上就是尖端技术研发、管理控制平台的极化聚集，与多处生产基地、多级物流配送的节点布局同时发展。

（2）对社群分布的空间影响

社会群体结构是"互联网"产生实际影响的重要领域。社会群体作为社会赖以运行的基本结构要素，当虚拟的网络社会因为人们的交互作用而生存，又反过来提供给人们新的交互空间与环境。在"互联网+"条件下，人与人的连接更加便利而产生超越空间的网络社群结构。在三千年连绵不断的传统文化影响下，我国传统社群结构主要呈现为地域性的乡邻结构，在新中国成立后，特别是改革开放后的快速经济发展中，这一结构因大范围的区域人口流动而发生变化。在互联网条件下，社会群体的分布变化又呈现新的趋势。

从空间上来看，"互联网+"对社会群体的影响可分为两个方面：一是跨区域层次的同乡聚集，主要是跨国、跨省等长距离人口流动过程中，互联网能够更好地提供同乡人群的交流平台，从而在就业、居住等区位选择中呈现趋同性，并进一步发展形成特定地域的同乡人口聚集区。二是分就业结构的同业聚集，互联网快速的信息传递速度和低廉的信息交换成本，使社会群体在选择就业上呈现空间聚集。这一点在创新创意行业体现尤为明显，例如美国硅谷45%以上的人口拥有学士及以上学位，而美国总人口中相应比例为28%。同时，"互联网"还能够大幅加快同业人脉网络的建立，使得"合伙人"这种新的创业模式更具可行性。

（3）对流通方式的空间影响

人、物的流通领域是互联网产生深刻影响的另一重要方面。互联网时代使得各类产品、服务及相关信息更加透明，人群活动的线上和线下状态更加密切。传统流通领域的区域代理模式、各层级批发转售等中间环节，在信息技术革命的推动下，受到极大冲击而产生全新变革。

从空间上来看，对物流、人流的影响主要体现在两个方面：一是超级信息平台推动实体物流的复合化、扁平化——类似阿里巴巴、京东等超级信息平台，使得生产企业能够实时掌握商品库存和流向，并根据实际销售情况进行动态调整，流通过程中间的存储时间占比大幅压缩，而"在路上"的时间占比提升，因此单一功能的仓储空间已开始逐步让位于动态存储和快速转运的复合物流平台。二是"移动互联网"推动人群流动的"在地化"、"碎片化"——所谓"在地化"主要是人群服务受益于发达的互联网信息平台，通常能够在就近范围内方便地查询、使用各类生活服务而形成群体性的"生活圈"；而"碎片化"体现在人群由于服务信息获取方式变化、选择余地大幅拓宽，能够迅速地转换消费活动地点，而与传统生活出行、服务路径的经常性所不同，个体活动呈现"碎片化"的空间分布。

3.2 城市功能区空间演进主要动力

（1）互联网条件下的市场因素

可以预计的是，在各级政府大力推动"互联网+"行动计划的背景下，城市社会经济活动的市场导向特征将进一步放大，城市功能区空间演进也将遵循市场驱动方向，区域性比较优势将得到进一步增强，城市功能区各类发展要素的复合化程度也将得到同步提升。

（2）行政综合干预的政府因素

在政府职能转变的背景下，城市政府的行政综合干预越来越多地体现在政策制定方面，特别是对于一些创新、创意产业发展的功能区，政府提供的产业制度环境、法律监管环境，以及生活保障环境，将成为促进城市功能区形成和发展的重要利好因素。

（3）城市空间发展的基础因素

城市功能区发展的基础性因素主要包括交通区位、环境条件和公共服务设施等多个方面，在当前我国快速城镇化背景下，重大基础设施、公共服务建设，以及环境综合改善都发生着快速的变化，对于城市功能区的形成和发展也将产生重要作用。

3.3 城市功能区空间演进发展趋势探析

（1）多种功能组合，复合化

在"互联网+"条件下，城市功能区一方面会继续吸引同类功能空间集聚而产生更强的区域带动作用；另一方面也会逐步发育和完善各类配套功能建设，将有更大概率提供"一站式"的就业、生活服务，从就业点和生活区的相对分离，转向形成一定地域范围内的"就业生活圈"。而生产经营活动的生态化、环保化，也将进一步加快这一趋势。

（2）空间层次减少，扁平化

与城市功能区的功能复合化相对应，传统城市空间结构中，具有鲜明层级结构特征的各类功能区也将发生新的变化。主要体现在中心功能区发展方面，具有区域带动、高端引领的第一层级中心区，将进一步极化发展，而具有中间传递、补充服务的中间层次将趋于弱化，在底层中心结构方面，又将呈现网络化发展，总体形成"两端增强、中间渐弱"的扁平化发展趋势。

（3）空间形态异化，多样化

传统城市功能区在区位价值理论导向下，通常以连续地块的空间形式存在，通过重要的交通干线廊道与其他功能区进行区分。在"互联网+"条件下，城市功能区的组织能够跨越局部空间障碍形成有机整体，而呈现线性分布，甚至是多点散布的空间形态。这一点，北京中关村的"一区十六园"体现得非常明显。

（4）环境品质提升，特色化

城市功能区在不断发展过程中，随着同类经济社会功能的集聚，也将逐步形成具有一定特征的城市空间景观，这一景观特征同样也能够成为区域比较优势的一个组成部分。比较典型的就是基于传统工业厂房改造的创新创意功能区，特色化、风格化、场所化的城市空间细节营造，对于吸引思维活跃强、交流需求大的"创客"群体，将发挥重要作用。

4 结语和展望

城市功能区的谋篇布局，是城市规划专业核心的研究领域。在"互联网+"条件下，随着社会经济发展的深刻变化，城市功能区的空间演进也将产生巨大变化。就城市规划而言，跟进分析和主动响应这一趋势，将是未来规划学科重要的研究课题。这其中，主要应把握和平衡以下三个方面的关系。

（1）城市空间价值和公共服务功能的关系

未来"互联网+"条件下城市功能区的高度复合化发展，使得市场经济价值创造和城市公共服务职能在空间上形成有机整体。作为规划部门，一方面要围绕市场经济导向和市场主体需要，提供足够且适宜的空间支撑，促进经济发展向高价值区段的转化；另一方面，要在公共服务、公共物品等供给方面，实现政府的预设功能目标。只有处理好两者的平衡，才能够促进城市功能区的稳定可持续发展。

（2）空间边界划分和区域发展融合的关系

城市功能区作为城市功能组织的空间载体，是具有空间边界要求的，在"互联网+"条件下，功能区比较优势将进一步强化此类空间边界。因此，在城市规划的制定和相关政策设计时，对城市功能区的空间边界应予明确，这样才能够有效引导市场力量，推动功能区的优化发展。但与此同时，也应同时考虑各类功能区的互动发展需要，通过高效率的综合交通组织、高品质的公共空间联系，形成有机联系。

（3）规划空间留白和规划保障底线的关系

"互联网+"带领的颠覆式创新，对于社会经济功能的空间组织形态，将产生巨大影响。因此，在功能区规划编制过程中，应对此类功能变化发展留有足够余地，特别是对"存量"空间再利用采取灵活开放姿态，不轻易否定而导致对发展的阻碍。但是，另一方面，要高度重视部分城市功能的"排斥性"特征，对环保类、安全类等保障底线进行先行明确，建议可采取"负面清单"的方式，确保城市功能区既具有灵活发展余地，又具有足够的底线保障。

新常态背景下功能区规划编制探讨

Discussion on Planning Compilation of the Functional District in the Context of the New Normal

【摘要】中国经济步入新常态不仅是经济结构面临转型，城市发展也面临着重大转变，相应地，城市规划也需要改革和创新。在此背景下，积极寻求高效率、低成本、可持续的城市建设之路，成为城市规划界迫切需要解决的重要问题。这里以创新功能区规划的方式方法为目标，通过对前阶段武汉市重点功能区规划编制和实施过程中存在的问题的归纳分析，提出完善功能区规划体系、转变规划理念、完善规划内容等方面的建议。

Abstract: In the context of the New Normal, not only industry needs to be upgraded, but also urban development mode needs to be transformed. Therefore, urban planning should also to be innovated accordingly. Thus, our urban planning should looking for high-efficiency, low-cost and sustainable construction mode. Based on problem analysis of functional district planning compilation and implementation, this paper proposes suggestions on planning system, planning concept and planning content.

1　前言

习近平总书记关于中国经济要适应"新常态"这一重要表述，引发社会各界的高度关注。"新常态"不仅是对中国经济增长的论断，也是对城市发展走向的基本判断，意味着城市发展步入新时代。在新常态下，繁荣并非城市发展的必然结局，相反，高度复杂化、急剧变革中的政治经济社会转型，给当前城市发展增加了更多的不确定性。探索"新常态"下城市发展、建设的路径迫在眉睫，以功能区作为实现城市职能的重要载体和实施城市建设的重要"抓手"，成为国内许多城市新一轮城市建设的热点。因此，在"新常态"背景下，探索功能区的建设路径也是城市规划界所面临的迫切课题之一。

2　武汉市重点功能区规划实践的主要问题

2000年以后，随着"中部崛起"、"两型社会"和"自主创新"等"三大国家战略"先后聚焦武汉，特别是2013年武汉市提出了建设"国家中心城市"的战略目标，城市建设的关注重点逐渐从自身的空间环境品质转向带动区域的引领、辐射功能。在此背景下，以城市功能特别是战略型功能为核心的功能区开发，成为落实和承载国家有关发展战略的主要"抓手"。2013年，武汉市委、市政府审议通过了《武汉建设国家中心城市重点功能区规划》，掀开了"武汉市重点功能区规划"编制与实施的序幕。经过两年多的探索，武汉市先后完成了重点功能区规划体系研究，开展了江岸二七片、汉阳归元片、洪山杨春湖片、武昌滨江片等重点功能区规划的编制，创新提出了以"功能谋划"和"空间统筹"为双主线的"重点功能区"的实施模式。这些功能区规划编制和实施，有效提升了城市综合功能、改善了城市环境形象。但是，在实施过程中也呈现出以下几方面问题。

一是重点功能区同质化趋势端倪初现、特色不明显——通过"表1"可见，重点功能区在规划定位上，大多以企业总部、商务办公、高端商业服务和文化旅游功能为主；在用地布局上，以腾退居住用地、提升商贸服务用地比重为主要策略；在产业业态上，多以信息服务业、知识服务业、高端服务业为支撑。这种功能上的同质化，必然导致各种业态的资源要素分散于各处，难以形成有效集聚，对于城市整体功能的提升弊大于利。

二是重点功能区采取以推倒重建为主的建设模式，对城市历史、文脉的保护和继承重视程度有限——在大规模推倒重建的过程中，物质性改造和城市美化成为政府各部门关注的首要问题，取得巨额经济效益是参与建设的开发商首要关心的问题，传承历史风貌和塑造人文特色的需求往往在博弈过程中被忽视、弱化。

三是基础设施和公共服务等民生设施仍有短板，不能完全适应市民生活需求——重点功能区作为实现城市重大战略功能的空间载体，在建设诉求上将重大项目、旗舰项目的落地，城市形象的展示放在核心地位，对最贴近民生的交通、市政和社区公共服务设施重视不够，加之民生设施长期投入不足，标准偏低，投入面和点对公平性、公正性兼顾不够，与光鲜亮丽的功能区形象形成更加鲜明的对比。

重点功能区规划内容比对情况　　　　　　　　　　　　　　　　　　　　　　　表1

项目＼地域	江岸二七片	汉阳归元片	武昌滨江片
成果深度	修规+建筑概念方案	修规	修规
核心范围	83公顷	1.45平方公里	1.38平方公里
功能定位	国际总部商务区	佛文化及汉阳古城文化区	区域性总部商务首选区
规划内容	商业策划、用地布局、设计方案、交通市政、地下空间、项目安排	产业策划、功能结构、城市设计方案、交通市政、建筑风貌	商业策划、用地布局、城市设计方案、交通市政、地下空间、项目安排
功能布局	商业服务业占开发用地的52.8%、居住用地占22.6%、绿地占17.2%	以宗教艺术、文化创意、养生康乐等为核心产业，配套餐饮、交通服务等	总部办公占总建筑规模的40%~60%，商业服务占15%~20%，居住生活占15%~20%，文化占3%~4%
建设模式	政府主导、市场运作	政府主导	政府主导、市场运作

四是重点功能区覆盖范围有限，功能区体系尚待建立完善，不利于全市统一按照功能区模式推进城市建设——市级层面重点功能区已基本确立，7个中心城区各确定一个；但区级层面次功能区及更大范围的更新提升区，其建设体系、功能、操作模式等尚未完全建立。

3 新常态背景下规划转型的理论和实践

3.1 新常态背景下规划转型的主要要求

"新常态"是相对于"上个时期或阶段"的经济运行状态而言，以发展速度调慢、经济结构转型、创新驱动成为主要发展动力为特征。"新常态"背景下，城市发展方式及其趋势将呈现新的特征，城市规划也必然面临转型和创新的要求。总的来看，城市规划的"新常态"，有四个方面的含义。

首先是规划理念上——从重"物质空间"向重"人本关怀"转变，全面落实"以人为本"和"绿色低碳"这一理念，并将其贯穿规划编制的全过程；

其次是规划目标上——确立社会建设的重要战略地位，将规划工作的目标和重点从追求空间功能科学合理延伸到相关利益协调、社会和谐方面；

第三是规划层次上——从粗放的用地管理向精细化的转变，更多关注城市品质提升等细节设计；

第四是规划内容上——将民生工程放在重要位置，重点解决居民生活、就业等相关的公共服务设施、基础设施滞后的问题。

3.2 新常态背景下城市规划的主要理论和实践基础

3.2.1 城市更新

城市更新这个名词第一次出现是在美国1954年的《全国住宅法（修正案）》中。韦氏词典于1954年将"urban renewal"定义为"在都市区重建或修复不合规格建筑的建造计划"（Merriam – Webster's Collegiate Dictionary，1954）。1958年，在荷兰海牙（Hague）召开的"城市更新第一次国际研究会"对城市更新做出比较详细的说明："生活于都市的人，对于自己所住建筑物、周围的环境或通勤、上学、购物、游乐和其他生活，有各种不同的希望和不满。对于自己所住的房屋的修理改造，街道、公园、绿地、不良住宅区的清除等环境的改善，要求与早实施，以形成舒适的生活，美丽的市容等，都有很大的希望。包括有关这些的城市改善，就是城市更新。"

有关城市更新的理念 表2

概念\项目	城市重建	城市更新	城市再生	
产生时间	1950—1960年代	1970年代	1980年代	1990年代至今
主要方向和策略	清除贫民窟，对城市旧区进行综合重建	对地域功能和结构进行综合协调	许多大型建设项目及再建项目，旗舰项目，包括外城项目	从政策到实施层面，向更全面的方向发展，更注重用综合手段解决处理社会问题
主要促进机构及利益团体	国家及地方政府、私人机构、开发商、承建商	私人发展商的作用增加当地政府的核心作用在减弱	主要是私人机构及开发商的作用，特别策划或投资顾问及代理、合作伙伴的模式开始增加	合作伙伴（partnership）模式占有主导地位
资金来源	政府投资，一部分私人机构参与	私人机构商业投资占主导地位，政府基金有选择参与	政府投资及私人投资现状增加	政府、私人商业投资及社会公益基金全方位的平衡
社会范畴	提升居住及生活质量，消除种族隔离	以社区为基础的作用显著增强	社区自助同国家有选择的自主	以社区为主题
形体环境重点	城市的改建与置换，城市外围的发展	在旧城区更大范围内的更新	重大项目的建设以替代原有功能，旗舰发展项目	比1980年代更有节制，设计更适度、优雅，更注重历史文化与文脉的保存

西方城市更新经过几十年的发展历程，形成了成熟的理论体系和丰富的实践经验。从 20 世纪 70 年代开始，单一内容与形式的、以开发商为主导的大规模改造计划，逐渐被各种名目的中小规模渐进式更新计划所取代，可以将其概括为以下几点。

一是旧城更新开始更加注重人的尺度和人的需要，强调居民和社区参与更新过程的重要性，更新重点从对贫民窟的大规模扫除转向社区环境的综合治理、社区经济的复兴及居民参与强调邻里自建。

二是文物的保护意识增强，旧城更新更加强调对历史文化的保护，重视对现状环境的深入研究和充分利用，反对简单的推倒重建。

三是规划与设计从单纯的物质环境改造规划转向社会、经济发展规划和物资环境改善规划相结合的综合人居环境发展规划，强调规划的过程和规划的连续性，制定相应的政策和法规。

四是可持续发展的思想逐渐成为社会的共识。今后的旧城更多关注环境和资源的保护，绿色和生态的概念将更多地用于住房和社区的建设。

五是旧城改造和更新的方式逐渐由大规模的以开发商为主导的剧烈的推倒重建方式，转向小规模的、分阶段、主要由社区自己组织的谨慎渐进式改善。

3.2.2 存量规划

2007年前后，城市存量规划的趋势开始明晰。当年的深圳新一轮总体规划成为全国第一个从增量到存量的总体规划。2011年，我国的城市化水平开始超过50%，增量和存量的比例发生了明显的变化，城市规划已经进入存量规划时代。2013年，上海的新一轮总体规划开始立项，其中明确了土地零增长的要求。从此，存量规划成为城市规划行业的一个重要话题。

存量规划是指通过城市更新等手段促进建成区功能优化调整的规划。它具有以下特点：

一是从物质设计转向制度设计。存量规划的内容是以规划变更为主。"如果说增量规划主要是解决在一张白纸上，怎样合理布局各种'色块'（功能），那么存量规划主要是解决怎样在已经布满'色块'的现状图上，将一个已有的'色块'转变为更合理的'色块'"。传统的空间设计、工程设计已经退到非常次要的位置，城市制度的重要性将会取而代之。

二是从空间规划转向政策规划。规划的主要内容不再是图纸，而是政策。即通过政策文件将"规划"转化为"行动"。经审批的规划将作为指导各项工作的纲领性文件。这也是规划公共政策的本质体现。

三是从工程设计转向经济管理。目标的转变，意味着手段的改变。以工程设计为主要工具的城市规划，要转向以制度设计为主要工具。增量规划的基础，主要是工程学的；存量规划的主要目标是减少要素转移的成本，实现社会效益的最大化。

四是从规划院转向规划局为主。存量规划编制不再是设计院主导，而主要是政府部门主导。

4 新常态背景下功能区规划编制探讨

4.1 深化功能区建设模式，建立功能区规划体系

一个资源优化配置的现代城市，是由多个特点清晰明确的功能区组成的。根据武汉市"二段六层次、主干 + 专项"的规划编制体系，在实施型规划体系框架下，应坚持功能区建设模式，尽快建立以"重点功能区、次功能区和更新提升区"为主的功能区规划体系，通过"三类功能区"，分步实施"三旧"改造规划、推进城市功能提升。

在七个市级重点功能区规划编制、实施探索的基础上，以提升各区功能品质、促进区级产业集聚及生活服务职能为目标，形成空间上与重点功能区并行，在功能层级定位上仅次于"重点功能区"，在规划编制、实

施及管理上以区级政府为主导的"次功能区"。在"重点功能区"、"次功能区"以外的地区,以营造生活服务圈为目标,形成规划编制、实施及管理上以社区、居民为主导的"更新提升区"。实施中应结合各类功能区的特点,研究确定其体系、功能和操作模式。

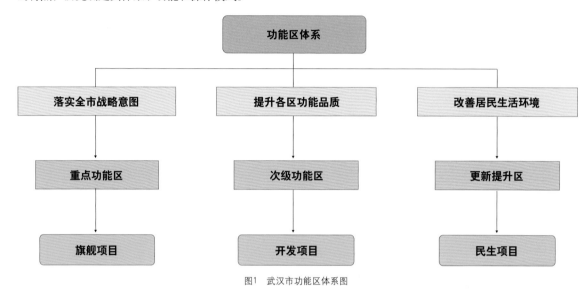

图1 武汉市功能区体系图

各类功能区更新改造模式建议   表3

规划对象	实施主体	规划要点
重点功能区	市级政府、开发商为主	1. 将城市更新与公共设施建设相结合; 2. 编制系统综合的更新规划; 3. 采用功能引导的方法,通过划定不同的功能区域来指导各类设施的设置; 4. 重视城市形象塑造、景观环境提升的效果
次功能区	区级政府、开发商为主,社区组织逐步参与	1. 将城市更新与产业集聚、生活服务相结合; 2. 兼有拆除重建和适应性再利用,指导不同的功能区域的设施设置; 3. 以多样化的运行机制,保持区域活力,实现持续发展
更新提升区	在政府的主导下,由开发商、社区组织和居民共同协商实施	1. 强调有机更新与可持续发展; 2. 注重功能注入与现代生活的结合; 3. 通过对局部街区进行现代化建设,改善环境; 4. 强调传承地方特色、充分发挥街区内历史文化资源的作用,增强活力

4.2 重视差异化的更新方式,采取多种手段实现功能区规划

在"新常态"背景下,伴随着规划理念的转变,城市中广泛存在的文化遗存、文脉和交往空间等体现"人本关怀"的因素,应更多地被纳入规划编制者的考虑范畴,从而在规划方法和主导力量上相应做出调整。

在规划方法上,之前的"重点功能区"以政府和开发商主导的"拆旧建新"为主,形式较为单一;当前的"更新"不一定只是建新,应更加重视差异化的更新方式。针对"重点功能区"、"次功能区"、"更新提升区"等不同类型功能区,可结合现状用地性质、建设状况及规划功能定位,分别采用重建为主、重新整理、功能更新、修缮维护等多种方式。这也符合国际城市更新方式的演进特点,即由大规模的重建性开发逐步转向整治性和维护性开发。

在主导力量上，之前的"重点功能区"以政府和开发商为主导，造成"城市发展的速度与质量的矛盾、效率与公平的矛盾，以及政府一厢情愿与居民真实需求的矛盾"产生及累积。城市既是经济发展的主要载体，也是居民生活的主要空间，因此，需要调动各方主体的参与，应充分重视社区与政府、开发商合作实现更新提升的重要性。美国、英国也反思了通过单一主体推动城市更新的不良后果，提出政府、开发商、社区的伙伴建设关系。在日本以及我国台湾地区，大部分城市更新都是民间主导，社区的重新营造由这个社区的人参与和促成，开发商起到协助和支持的作用。

4.3 提高功能复合程度，维护功能区多样性、促进城市活力

一是应提高功能的复合程度，优化业态布局，促进职住平衡——随着社会经济发展，"职住平衡"成为优化城市空间、促进经济转型、建设幸福民生区的有力推手。相关研究表明，在改造过程中原有的"就业—居住"混合格局被拆解，异地还建促使新的居住空间均质化和边缘化。在之前"重点功能区"的建设中呈现出来的原住居民迁出、等级较低的服务业业态被知识含量高、附加值高的新型服务业业态取代，以及由此带来的中低收入居民就业不充分的问题，应引起高度重视。《武汉2049》远景发展战略规划提出"活力、高效、宜居、绿色、包容"是城市的要点。在功能区规划中，应在"退二进三"的总体要求下，从更加包容、更加多元的角度，策划城市功能、布局业态设施，确保在改善居民居住条件的同时，提供充分的就业岗位。

二是应重视景观的特色塑造，以"一区一景、各有特色"为功能区景观环境建设的目标——针对目前功能区实施中日益突显的以摩天大楼、城市综合体和开敞的集中绿地为景观标志的现象，以及由此带来的城市形象提升流于形式、成为"形象工程"的趋势，应着手从功能区规划编制层次和编制内容上进行改善：在编制层次上，应重视对细节的规划，强化修规和城市设计在现代城市发展中对细节的掌控，精细化地推进城市的有机更新；在编制内容上，将传承历史风貌和塑造人文特色作为功能区规划的重要组成部分，重视风貌保护，提升设计品质，为城市空间注入文化魅力和艺术灵魂。

4.4 以民生改善为目标，充实功能区规划的内容

应对"新常态"，化解社会矛盾，保持经济健康可持续增长，重要的前提是保持社会和谐稳定。方法之一就是要保证在规划实施时能够使民生不断得到改善。在功能区规划中，针对居民生活、就业等相关的公共服务设施、基础设施滞后的问题，要紧紧围绕"两项支撑、三大功能、四类设施"，改善民生设施及服务水平——即提供公共服务和基础设施"两种支撑"，保障居住、就业、交通"三大功能"，完善教育、科研、文化、医疗卫生"四类设施"。

首先是提高公共设施服务水平，增加各级公益性设施，特别是社区级公益性设施，明确社区范围内各类设施的规划数量、标准和布局要求；其次是优化交通市政基础设施布局，提高公交服务水平，完善步行环境，改善静态交通设施，确定公交枢纽、公共泊位、充电站等设施的要求和布局；第三是改善公共空间和环境品质，增加社区级的开放绿地、广场和通道，营造人性化的街道尺度，补充必要的城市家具，为人与人的交往提供场所和条件。

5 结语

功能区是关系城市经济和社会发展的全局性问题，随着主城区"重点功能区"规划的实施推进，"次级功能区"、"更新改造区"等各类功能区规划编制正在筹划开展，研究"新常态"背景下的功能区规划方法和思路，将经济增长与社会稳定进行有效结合，兼顾效率和公平，从而保证城市建设健康、有序，可持续的发展。

PART 2

02

下篇 思与行——规划实践探索

现代服务业型
重点功能区
Key Functional District Of Modern Service Industry

现代服务业型重点功能区——研究思考

规划引领下城市重点功能区建设的探索与实践
——以汉口沿江二七商务核心区为例

Exploration and Practice of Urban Key Functional District Construction Under the Guidance of Planning: A Case Study of Hankou Waterfront Erqi CBD

【摘要】随着国民经济和城市建设的发展，各种利益关系和矛盾越来越集中地反映在城市空间上，规划编制与实施之间的矛盾日益突出。为顺应当前的发展阶段，各大城市已积极开展重点功能区建设实施的探索与实践，以期通过从导控性规划编制向实施性规划编制转变，实现真正意义的规划引领，由简单被动的落实转向更为积极主动的统筹实施。汉口沿江二七商务核心区作为武汉市首个完成了"实施规划"到"修建性详细规划"到"实施建设"的重点功能区示范项目，在实施建设阶段，继续探索和深化地上地下"一体化设计、一体化建设"的"二七模式"，以"统一规划、统一设计、统一招商、统一建设、统一管理"的"五统一"为目标，实现规划引领整体组织、设计、建设到管理等全过程，高度维护城市利益，确保重点功能区高品质建设。

Abstract: As the economy grows and city develops, land has became the most valuable and rare resource. There are various voices on the utilization of urban space between different interest groups, which is restraining the plan from implementation. Therefore, several cities have emphasized the implementation feasibility of the plan in the urban key functional districts, and conducted some practices. The Hankou waterfront Erqi CBD is the first, as well as a demonstrative project that has accomplished its implementation plan and site plan, and began construction. It explored an "Erqi mode" of integrated design and construction of ground and underground space. Also, the plan has guided the entire process including organizing the multiple interest groups, design, investment, construction and management to fulfill the public interests, promote the city's development, and to ensure the accomplishment of the key functional district.

为落实"国家中心城市"的战略职能，引导规划和建设充分衔接、有机融合，2012年，武汉市国土资源和规划局完成《武汉市建设国家中心城市重点功能体系规划》编制工作，提出以"重点功能区"实施为"抓手"，统筹政府、规划国土、企业主体等相关部门力量，调动各方资源协同推进。2013年，武汉市国土资源和规划局以规划为引领、以汉口沿江二七商务核心区为试点，开展了"重点功能区实施性规划"的编制工作，探索出适合武汉发展的"二七模式"，即"政府统筹、土地支撑、空间落实、计划保障"的"一体化设计、一体化建设"模式，以此促进规划实施，并在全市范围进行大规模推广。

2014年，为确保功能落实，实现高品质开发建设和运营管理，武汉市国土资源和规划局进一步完成了《汉口沿江二七商务核心区修建性详细规划》编制和法定化工作，从实施规划到修建性详细规划的"一体化设计"逐步深入，层层统筹，将功能业态、交通市政、公共配套、建筑景观、地下空间全面衔接，夯实规划审批管理的技术基础。与此同步，武汉市国土资源和规划局联合江岸区政府建立市区联动、市场参与的一体化工作机制，继续深化"二七模式"，探索重点功能区实施路径。

1 重点功能区实施模式及路径探索

重点功能区是城市核心产业功能的重要载体，立足于城市功能转型，以提升城市职能、促进区域经济发展和改善环境为重点。实施建设工作不仅包括优化城市功能布局、落实城市公共利益需求等传统规划的核心内容，还包括面向市场的项目策划与营销、基础设施与公共设施的投资建设，以及规划实施的模式、路径、步骤和时序等，并对资金筹措、招商引资、管理运营等进行安全统筹。北京、天津、上海等各大城市在启动重点功能区建设时，都针对自身特点，通过加强统筹、尝试新路径等不同方式探索不同实施模式。

一是市区统筹，部门联动。重点功能区的建设不是规划局一个部门胜任的工作，必须调动市、区各级政府及相关部门的积极性；加强组织领导，成立实施"重点功能区"领导小组，负责对重大功能区的重大事项进行决策、协调和督办，明确规划行政主管部门、区级政府在实施中承担的权利和义务，促进规划行政主管部门在重点功能区规划编制实施中的规划引领作用，并建立重点功能区绩效考核机制，提升各级政府及相关部门的积极性。

二是加强配合，资源倾斜。全市各有关部门应根据重点功能区建设需要，主动加强土地、政策、基础设施配套等方面的公共资源配置，优先将重点功能区相关项目纳入本部门年度建设计划和"城建攻坚计划"，齐心形成建设合力。

三是土地经营，扩大平台。结合重大功能区规划，从城市整体功能提升、土地价值最大化的角度，开展土地经营策划工作，并统筹全市各类打包项目，制定统一机制，优化城中村规划模式，为重大功能区建设提供资金保障。

武汉市国土资源和规划局充分结合武汉市具体发展阶段和发展特点，依据全市重点功能区总体安排，以国土资源和规划局、区政府为主导，发挥优势、突出特色，以"先规划后建设、先生态后业态、先配套后开发、先地下后地上"为原则，以"统一规划、统一设计、统一招商、统一建设、统一管理"为目标，政府统筹、成片开发、联合共建。以成片开发的方式，推进地下空间、市政基础设施统一建设，节约政府投资成本；通过政府统筹、委托代建和组织市场主体联合共建的方式，提高地下空间、市政基础设集约利用水平，确保规划有效实施。同时，建立市区联动、市场参与的一体化工作机制，通过市区联合工作，提前了解市场需求、主动招商。在此基础上，借鉴通用产业园和武汉园博园的成功经验，联合武汉工程设计产业联盟成立商务区综合设计平台，从蓝图式规划转变为协作式、互动式规划，实现针对性、定制式的设计统筹与协调，提高规划方案的编制与审查效率。

2 二七商务核心区规划实施模式的实践

二七商务核心区位于长江一线，总用地约83.6公顷，是落实武汉市委市政府提出的"2049"发展战略，创建更具竞争力、更可持续发展的国家中心城市和世界城市的重要"抓手"。

2.1　项目基本概况

二七商务核心区位于内环与二环之间，是武汉市"两江四岸"的重要组成部分、近期建设的七大重点功能区之一，与武昌滨江商务区、青山滨江商务区隔江相望。用地现状以工业仓储、居住和铁路用地为主，包括始建于1901年、武汉市"最高龄"的国有大型企业——江岸车辆厂等用地，是全市二环线内临江一线可供集中开发、整体打造的稀缺土地资源。为全力推进国家中心城市建设，武汉市国土资源和规划局提出以"建设新江岸、复兴老汉口"为目标，"立足本土、国际视野、创新规划"，拟将商务区打造为面向长江中游，聚集国际及地区企业总部，提供国际化高端商业及文化休闲功能，业态混合、公交导向、适宜步行、低碳可持续的国际总部商务区。2013年5月，以武汉市国土资源和规划局下属机构——武汉市土地利用和城市空间规划研究中心（以下简称"地空中心"）——为工作平台，采取"本地 + 国际"的形式，邀请SOM、AECOM、日建设计、CBRE等国际顶级机构组成设计营，启动《二七商务核心区实施性规划》编制工作；2014年3月，以实施规划为基础，武汉市土地利用和城市空间规划研究中心进一步联合中信建筑设计研究总院共同编制了二七商务核心区修建性详细规划。

2.2　规划思路及总体框架

2.2.1　规划构思

二七沿江商务核心区从实施规划—修建性详细规划逐步深入，层层统筹，通过"一体化设计"进行各专项内容的闭合和校核，锚定项目开发建设要求，以保障功能落实、打造区域品质；按照"先规划、后建设，先地下、后地上，先生态，后业态，先配套、后开发"的原则，实施"一体化建设"，提高地下空间统一建设和集约利用水平，推进市政基础设施一体化建设和配套；建立市区联动、市场参与的"一体化工作机制"，提高规划编制与审查效率，实现从蓝图式规划向协作式、互动式规划转变。

2.2.2　面向实施的设计策略

规划以打造立体复合、高端活跃的现代服务业集聚区为目标，采取构建立体"Y"形绿轴及中央公园空间结构，以人行"树桥"有机联系轨道站点、中央公园和汉口江滩，环绕中央公园，建设标志塔楼、大型公共设施和慢行交通体系，形成武汉新的商务门户。打通百年老街——中山大道，塑造一条横贯汉口南北的商业长廊，提升区域活力。重视历史文化资源的保护和利用，以现代文化景观的表现形式解读基地的历史脉络，以京汉铁路线旧址为载体，结合历史文物、工业遗存，创建延续历史记忆的文化走廊，通过保护的手段打造地域的文化特质和街区的发展。倡导"以人为本、公交主导、步行优先"的原则，规划引入轨道线网、有轨电车、循环巴士，实现66%的公交分担总目标，降低对私人小汽车的依赖。建设地下交通环路，减少地面交通流量，缓解中山大道的人车干扰，引导车辆快速进入地下停车场库；采取"密路网、小街坊"，建立了人车分离的交通形式，步行网络串联公共开敞空间。开展了地下空间、市政管网的"一体化设计"，提供交通换乘、商业休闲活动、集中停车、综合管廊等整体性配置，在保障中山大道地下商业街的连续性和舒适性的基础上，提升区域市政设施建设品质。

同时，通过将核心区承接的主导功能分解为具有关联和促进效应的业态体系，进行总量预测、规模配比、空间落位，并在规划策划过程中增加招商互动环节，对接市场需求，优化深化规划布局、方案设计，保障规划经济可行和项目落地。

2.3 规划创新与实施要点

2.3.1 探索"市区联合、多专业协作"的工作模式

为实现二七重点功能区的地上地下"一体化设计、一体化建设"的目标,在修规编制中,采取"区政府+市规划局"、"本地 + 国际"、"规划 + 建筑 + 交通 + 市政"的多机构、多专业协作工作模式,成立"工作营"作为项目总协调,作为跨地域、多专业、多专项的协作平台,及时解决设计过程中的交叉衔接问题,提高项目多专业的协同,提高工作实效。

2.3.2 创新"一体化设计、多专项综合"的设计内容

通过"修规"设计将功能业态、交通市政、建筑景观、地下空间各专项内容全面衔接,以业态策划、空间落位"一体化设计"保障功能落实,以建筑景观、地下空间、交通市政"一体化设计"打造区域品质。完成"修规"的总平面、底层平面、标准层平面和地下空间平面等"四平面"建筑概念方案进行各专项内容的有效校核和闭合,避免了传统规划的"方案与市场背离、建筑与市政脱离、地上与地下分离"的问题。

2.3.3 实现"数字化、科技化" 的编制技术

率先搭建功能区三维数字实施管控平台,实现了各专业设计的自主校核、虚拟实现的直观展示、实施工作的动态更新,提供了辅助审批决策、辅助实施设计的新方法,为后续规划管理、建筑设计与审批、建设实施等提供了完整的"一张图"成果。规划中充分利用最新的科技成果,开展智能化社区建设,规划江水源热泵,制定绿色建筑标准。

2.3.4 明确"连片开发、整体建设"的实施模式

以连片开发的方式,探索地下空间连片开发、市政设施统一建设的模式,以节约成本。通过政府统筹、委托代建和组织市场主体联合共建的方式,提高地下空间统一建设和集约利用水平,推进市政基础设施一体化建设和配套。

2.3.5 制定"明确业主、定制设计"的实施组织

为确保规划有效实施,二七商务核心区实施中明确以土地储备中心为投资业主,统一实施储备、统一出让、统一开发;经济测算、土地打包、招商宣传等工作提前介入,了解市场需求;联合武汉市工业设计产业联盟,建立"2+N+X"综合设计组织机构,实现针对性定制式的设计统筹与协调工作。

3 结语

随着城市的建设和发展,城市规划面临着新的阶段和形式,城市的发展战略如何在城市空间上予以反映,城市规划的编制如何和城市建设紧密结合,城市建设如何更加有效地落实规划设想,以及规划如何发挥统筹、引领城市建设发展的作用,都是城市规划师们一直探索和思考的问题。二七沿江商务核心区规划实施,实现对其空间体系、规划管理及实施机制等多方面的探索和创新,其成功经验已运用到武昌滨江、杨春湖、青山滨江等多个重点功能区实施规划的编制工作中,起到了良好的示范效果。目前,这项工作仍需要有长效、积累的过程,我们城市规划工作者仍需继续在这项创造性的工作中摸索前行。

现代服务业型重点功能区——研究思考

武汉市区域中心的金融产业空间布局规划研究

Study on Spatial Distribution of Financial Industry
in Wuhan Regional Center

【摘要】金融是现代经济的核心，当今世界经济竞争已演变为对金融资源主导权的竞争。本节结合武汉区域金融中心空间布局规划的工作实践，结合武汉市金融发展现况，对武汉市金融产业空间布局做出了合理安排，以突破武汉金融空间发展的困局，合理有效分配金融资源，引导金融产业有序、健康、极化发展。

Abstract: Since the finance becomes the core of modern economy, it is the competition of the dominance in financial resources in the world's economy. The city of Wuhan is experiencing its greatest opportunity as well as challenge in the financial development, therefore it is envisioning the efficient allocation of financial resources, and its financial industry development to be stable, healthy, and polarized. This article provided plenty of experiences in planning the spatial distribution of financial industry in Wuhan regional center, and proposed a solution based on the city's current status.

1　研究背景

当今世界经济竞争的一个重要方面是对金融资源主导权的竞争。目前，全国已有近两百个城市提出要建设区域金融中心，有三十多个城市编制了区域金融中心建设规划，以期占领经济发展制高点。建设武汉区域金融中心是复兴"大武汉"的重要载体，其建设在支持实体经济发展中发挥着日益重要的积极作用。在这一背景下，研究如何突破金融空间发展困局，合理有效分配金融资源，对引导金融产业有序、健康发展，建成武汉区域金融中心，助推武汉建设国家中心城市和国际化大都市具有十分重要的意义。

2　武汉金融产业发展及空间布局现况

2.1　武汉市金融业发展概况

2.1.1　不断起伏的发展历程

武汉金融产业大致经历了"曾经辉煌—风光依旧—地位不再"的先扬后抑发展历程。汉口开埠后，武汉成为进出口贸易中心和商品集散转运中心，金融业迎来了长时期的辉煌，武汉成为仅次于上海的全国性金融中心。新中国成立后，随着"第一个五年计划"和"第二个五年计划"的逐步推进，武汉创造了新中国多个金融"第一"。改革开放后，因国家战略发展重心转移，武汉中心地位旁落，国际金融节点位置不复存在，但金融产业空间发展已成雏形。1993年，武汉市首次提出建设中部金融中心的战略口号；2008年，《关于促进武汉金融业加快发展的意见》，明确提出将把武汉建设成为"金融机构聚集、金融市场完善、金融创新活跃、金融服务高效的区域金融中心"。武汉区域金融中心的建设目标由来已久，但迟迟未正式确立中部金融中心的战略地位。

2.1.2　产业规模及核心竞争力不强

截至2013年末，武汉市共有各类金融机构182家。其中，银行业金融机构30家，非银行业金融机构14家，证券、期货及证券投资基金73家，保险公司64家，小额贷款公司76家，股权投资机构222家，典当行79家，融资性担保公司183家；在汉设立或正筹建后台服务中心的金融机构33家，数量居全国第一位。

从金融产业规模上看，武汉市与全国性金融中心差距明显，金融业增加值仅为北京、上海的五分之一，深圳的四分之一，金融产业贡献度低。对比天津、广州、成都等国内区域性金融中心，武汉居于中上游地位，具有相当的竞争实力。从中部来看，武汉已牢牢占据金融领头羊位置，远领先于郑州、长沙等中部其他重要城市。

从金融核心竞争力上看，除稳坐中部金融监管中心、金融后台机构入驻数量居全国首位等既有优势外，武汉市金融发展核心竞争力不强，缺乏如郑州商品期货交易所等的核心拳头产品，故亟待加强宏观战略谋划，争取国家政策支持。

2.2　武汉市金融空间布局困境

2.2.1　现状布局

经过多年发展，武汉市金融空间集群发展态势初现。江汉、武昌、江岸及东湖高新等区牢牢占据领先位置，全市基本形成了"一轴、两带、多点"的金融空间格局。"一轴"指以轨道交通2号线为轴串联的金融集聚区；"两带"指以汉口建设大道与武昌中南路、中北路为中心的金融集聚带，其中建设大道是江北金融集聚中心，为股份制银行、外资银行和本地法人金融机构集聚带，中南路、中北路是江南金融集聚中心，为金融监管机构及全国性银行省级机构集聚带；"多点"指前进四路、光谷广场及光谷金融港等多个特色金融集聚区，其中前进四路以民间金融机构集聚为主，光谷广场以金融要素市场集聚为主，光谷金融港以金融后台机构集聚为主。

2.2.2　发展困境

从区域金融中心建设需求出发，武汉当前的金融产业集聚度较低，单位用地金融业产出不高；在空间上、产业政策的引导上较为模糊，金融核心暂未形成；在区域集聚、区域辐射等方面的战略作用尚未得到体现。

从武汉金融产业现状调研情况来看，主城各行政区打造金融核心的热情高涨，均制定了相应的金融产业发展规划，拟打造的金融产业集聚区达13个之多。但由于缺乏全市统筹性的规划及政策指引，金融空间布局趋于均质化，导致有限的金融资源难以形成集聚效应。

在武汉市四大工业板块中，目前仅"大光谷"板块配套建设了科技金融产业，服务于"大车都"、"大临港"、"大临空"等板块的金融服务区仍处于空白状态。三大保税园区中，东湖综合保税区制定了资本特区的金融政策，其他保税区未制定相关金融支撑政策。金融空间集聚与全市产业空间布局衔接度有待进一步加强，金融如何更好地服务产业发展，亟待得到破题。

3　武汉金融产业发展目标

3.1　研究思路

首先，规划从武汉金融产业发展轨迹入手，通过将当前武汉市金融产业发展能级与北京、上海、深圳等全国性金融中心，天津、广州、南京、成都、厦门、西安及大连等区域性金融中心及长沙、南昌、合肥、太原、郑州等中部金融中心竞争城市进行对比，并对接《武汉2049》战略规划、金改方案、金融"十二五"规划及十八届三中全会金融改造方面的精神，进一步找准武汉市金融产业发展的规模定位。

其次，规划探讨了全球金融中心的主要类型，研究美国、欧洲及珠三角等区域金融空间格局及发展模式，得出理想的布局结构应是以1～2个中心城市为核心，若干个金融节点为依托，在区域内形成层级分明、分工协作、良性竞争的金融体系。

第三、具体到国内金融产业格局。已初步形成"国际金融中心—全国金融中心—区域金融中心"空间体系，但区域金融中心格局尚未落定，东北、中部两个地区均未形成具有绝对竞争力的金融中心。对比发达国家金融发展格局，专业性金融中心在我国金融中心体系发展中成为盲点，这是武汉金融中心未来跨越式发展的重点方向。

3.2　发展目标

在以上分析的基础上，锁定武汉区域金融中心的发展定位为：

至2020年末，打造立足华中，统领中部，辐射全国的中部金融中心、全国性专业金融中心。全市金融业增加值达到2000亿元，金融业增加值占GDP比重上升为10%，基本达到发达国家区域金融中心水平，金融空间规模不少于3.5平方公里。

至2030年末，依托武汉国家中心城市建设，打造与之匹配的全国性金融中心，全市金融业增加值达到3200亿元，金融业增加值占GDP比重上升为12%，基本达到全国性金融中心水平，金融空间规模不少于4.5平方公里。

4　武汉市金融产业空间布局

4.1　研究思路

（1）武汉金融产业发展重心的确定。武汉市交通四通八达，具有优质的高铁网络、华中最大的空港、阳逻深水港以及长江黄金水道，物流发展潜力得天独厚，以"大光谷、大车都、大临港、大临空"产业版图为抓手，并依托湖北农业大省的先天优势，可重点发展大宗农产品、钢铁、高新科技及汽车产业等金融要素市场。

（2）武汉市潜在的金融集聚空间载体的确定。以已明确的金融产业聚集区、武汉市近期拟打造的重点功能区为待选区域，经初步筛选后，确定13个潜在的金融空间载体。通过交通支撑、景观条件及可拓展空间等空间要素叠加分析，建立综合评价体系，得出建设大道、华中金融城、汉正街、光谷金融港等第一层级，民间金融街、光谷中心区、古田生态新城、四新CBD、东湖新城等第二层级金融聚集发展的备选区域。

（3）武汉金融中心区的落位。基于武汉市特有的"两江四岸"空间格局及当前城市中心发展趋势，可以判断武汉更适宜双中心或多中心发展模式。从构建中部金融中心的需求出发，武汉应结合产业发展基础和空间可拓展优势，考虑近期可实施性，依托建设大道、中南路中北路，打造两个能提升武汉金融能级、真正辐射中部的金融产业"现实中心"。着眼于跨越式发展需要，为武汉远期建设全国性金融中心预留战略空间，应结合城市的"绝对中心"，打造金融产业聚集的"未来中心"，并解答武汉金融发展"中心缺失之惑"。从城市区位、交通支撑、历史脉络、发展空间等方面综合分析，汉正街、建设大道及华中金融城将成为未来中心的备选区域。

（4）金融专业化发展区落位。武汉欲打造专业性金融中心，需以大宗商品现货交易、科技金融及金融后台为重点突破口。考虑到大宗商品现货交易中心空间载体依赖性不强，在空间布局上，武汉应重点考虑科技金融和金融后台中心建设，发挥"大光谷"金融资本特区的政策及产业发展优势，打造武汉金融核心竞争力。

（5）创新金融产业区的落位。结合武汉市产业发展规划，依托全市战略支柱性产业发展布局规划，对接金融改革创新方案，以城市重点功能区为载体，与产业园区紧密结合，大力发展科技金融、物流金融、民间金融、绿色金融、汽车金融等特色金融服务区。

4.2　空间结构

在以上支撑性研究的基础上，得出武汉市金融产业空间布局整体结构为"一心、两核、资本谷"。"一心"：打造未来的金融主中心——以回归滨水发展为脉络，依托汉正街独有的历史文化底蕴，全面建成汉正街国际金融中心区，打造金融产业发展的核心载体，提升武汉金融中心的层级和水准。"两核"——依托现有的产业基础，完善现代金融产业体系，充分发挥现实"双带"的辐射带动功能，长江以北形成以武汉中央商务区—建设大道综合金融集聚区为核心、与二七国际企业总部商务区相互联动的金融集聚区，长江以南形成以华中金融城总部金融集聚区为核心、与武昌滨江商务区相互联动的金融集聚区。"资本谷"——整合东湖高新科技金融、金融后台及金融要素市场，打造"大光谷"金融资本谷，全面建成全国性专业金融中心，形成以科技金融为核心功能的产业金融及要素市场创新示范区、全国性金融后台产业基地。

5　结语

武汉市区域金融中心的金融产业空间布局规划，系统性地整合全市金融发展资源，提出全市层面的金融产业空间发展顶层设计蓝图，并在金融产业、区位理论、城市功能及规划布局等多专业合作方面进行了有力的尝试，实现了金融产业与传统空间规划的无缝结合。

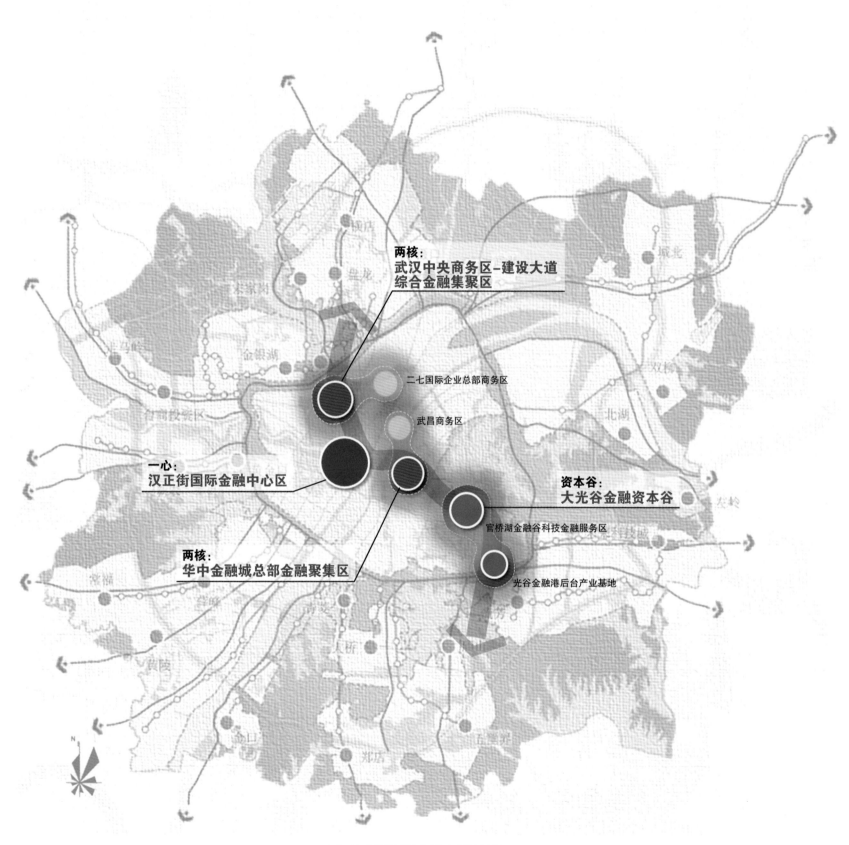

两核：
武汉中央商务区-建设大道
综合金融集聚区

二七国际企业总部商务区

武昌商务区

一心：
汉正街国际金融中心区

资本谷：
大光谷金融资本谷

官桥湖金融谷科技金融服务区

两核：
华中金融城总部金融聚集区

光谷金融港后台产业基地

图1 武汉市区域金融中心空间布局规划结构图

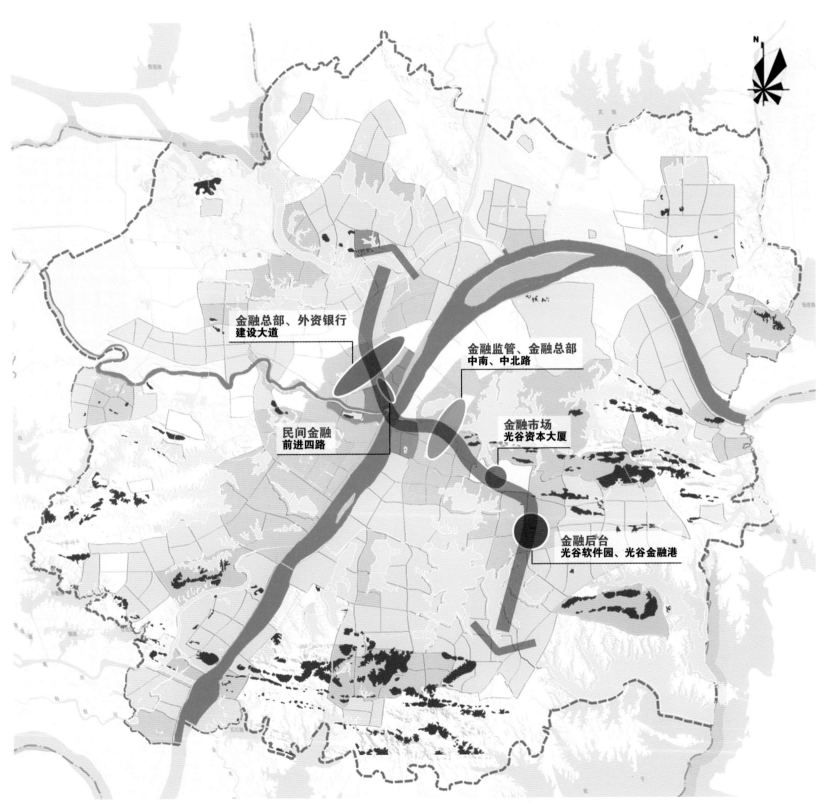

金融总部、外资银行
建设大道

金融监管、金融总部
中南、中北路

民间金融
前进四路

金融市场
光谷资本大厦

金融后台
光谷软件园、光谷金融港

图2 武汉市区域武汉金融中心布局现状

现代服务业型重点功能区——研究思考

武汉市高密度地区地下空间规划解析
——以王家墩中央商务区为例

Analysis on the Underground Space Planning of Wuhan High Density Area: A Case Study of Wang Jia Dun CBD

【摘要】高密度地区因其自身的特点，对地下空间开发建设有着较高的要求。适宜的开发强度，多功能的复合利用，网络化交通系统是高密度地下空间建设的核心所在。本节以王家墩中央商务区地下空间规划为例，着重从以上三个角度，阐述武汉高密度地区地下空间的规划实践。

Abstract: There are particularly high-quality requirements of underground space development in urban high-density areas, including appropriate development intensity, mixed uses, transportation network with high connectivity. This article introduced the practice on underground space development of Wang Jia Dun CBD in Wuhan City and especially, how the three parts implemented in the plan.

1 引言

随着快速城市化进程，我国大城市的尤其特大城市的发展思路都相继由增量开发向存量开发转变，地下空间是城市发展不可或缺又较富足的存量资源，在政府部门鼓励集约节约利用土地的宏观政策引导下，地下空间将是未来一段时间内各大城市发展的重点所在。

高密度地区既是城市发展的重要载体，同时也是用地资源最紧张、土地价值最高的区域，实现高密度地区地下空间高效率开发，对整个城市的长远发展和对城市结构的探索及巩固有着举足轻重的作用。

2 高密度地区地下空间开发的需求

高密度地区对地下空间建设有不同层面的需求。

（1）提升土地价值的需求

作为高密度地区典型代表的中央商务区（CBD）数量及规模不断加大已经是我国大城市目前面临的常态，但既定的"重地面，轻地下"的思想长期得不到改善，缺乏科学统一规划，严重影响了高密度地区的协调发展。在城市的高密度地区，由于建筑密度、容积率已经到达一定"瓶颈"，大部分用地已经开发建设完成，"向上"发展的空间潜力已经不大，相对来说地下的空间开发略显不足，因此"向下"的发展模式对于土地价值的提升有着非常大的推动作用。

（2）高效集散交通的需求

城市高密度地区人口密度大、交通流量大，例如东京新宿地区日人流量超过400万人次。超负荷的交通量仅依靠地面交通往往难以保证人流的快速集散，且会给城市的高效运转造成极大障碍。依托立体分层的交通模式，对地下空间进行科学规划布局，充分利用地下空间，无疑是提升高密度地区的人流集散效率和城市运转效率的重要手段。

（3）补充差异化功能的需求

租赁曲线显示，不同产业或业态对于高价值区位的支付能力是不同的。高密度地区尤其中央商务区（CBD），拥有高价值的区位条件，对各类业态的准入门槛较高，多以高档次的商业服务业以及商务办公为主，与居住、游憩、工作、交通的城市功能是不相匹配的。地下空间功能的选择涵盖了购物、办公、娱乐、交通、市政等功能，同样还可以承载多样化功能的社会性场所（如体育、健身场所等）。城市高密度地区地下空间的开发能够支撑该地区高效运转，同时还能实现该地区城市功能的完整性。

3 高密度地区地下空间规划、建设的实践

CBD作为大城市的高密度地区，它的形成与发展和地下空间的开发建设有着紧密的联系。在20世纪五六十年代，CBD建设进入高速发展期，其地下空间开发利用在数量和规模上增长迅速，经过数十年的发展，

蒙特利尔地下空间开发历程   表1

年代	发展程度	政府调控
1962	开始中心区的地下建设活动	60年之前开始筹建地铁
1963—1969	地铁带动整个城市的发展，地下通道开始与地铁相接	廉价征地用于地铁建设，出租地铁物业增加收入并改善环境
1970—1979	综合大楼成功建造，开始形成连续宽敞的行人通道	批准地铁上盖物业，鼓励开发商通过新建筑实现地下连通
1980—1989	综合建筑增多，新增和延长了许多室内行人通道	制定区级地铁计划，推动地铁对更大范围的影响
1990—1999	为配合剧增的大型项目，延长了许多地下通道	集中项目建设，鼓励地下商业连成网络，恢复中心区繁荣
2000—2003	三分之二的地下设施里有商业空间，城市中心区的建筑趋向地下地面一体化	开展地下城建设，建设了很多地下通道，形成了遍布整个城市中心区的连续性的网络

详细规划建设指标　　　　　　表2

核心区地下空间建设控制表

管理单元	地块编码	地面用地性质		用地面积（公顷）	地面建设总量（万m²）	地面容积率	地下用地性质	地下建设总量（万m²）	地下道路面积（万m²）	地下公共服务设施面积（万m²）	地下停车数量（个）	面积（万m²）	辅助功能面积（万m²）	地下容积率
A051208	G08-01	贸易咨询用地	C23	2.94	23.89	8.13	C2/S3	3.80	—	0.80	729	2.55	0.26	1.29
	G08-02	贸易咨询用地	C23	3.11	24.78	7.97	C2/S3	3.94	—	0.84	756	2.65	0.26	1.27
	G08-03	贸易咨询、街旁绿地	C23、G15	2.92	17.85	6.11	C2/S3	4.31	—	1.20	809	2.83	0.28	1.48
A051209	G09-01	金融保险业、贸易咨询用地	C22、C23	4.29	44.44	10.36	C2/S3	19.65	0.16	1.93	3733	13.07	4.50	4.58
	G09-02	金融保险业、贸易咨询用地	C22、C23	4.49	44.20	9.84	C2/S3	19.33	0.16	1.75	3713	12.99	4.42	4.30
	G09-03	商业、贸易咨询用地	C21、C23	3.81	31.48	8.26	C2/S3	13.86	—	1.41	2644	9.26	3.20	3.64
	G09-04	商业、贸易咨询用地	C21、C23	3.88	30.00	7.73	C2/S3	13.89	0.15	1.75	2520	8.82	3.17	3.58
	G09-05	广场用地	S2	0.61	—	—	C2/S3	1.17	—	1.17	—	—	—	1.92
	G09-06	公园用地	G11	1.22	—	—	C2/S3	2.93	—	1.82	123	0.43	0.68	2.40
	G09-07	广场用地	S2	2.45	—	—	C2/S3	9.56	—	4.90	700	2.45	2.21	3.90
	G09-08	公园用地	G11	1.24	—	—	C2/S3	2.99	—	1.87	123	0.43	0.69	2.41
	G09-09	广场用地	S2	0.54	—	—	C2/S3	0.00	—	—	—	—	—	—
	G09-10	公园用地	G11	4.28	32.56	7.61	C2/S3	13.99	—	1.19	2735	9.57	3.23	3.27
	G09-11	公园用地	G11	1.82	—	—	C2/S3	0.61	—	0.61	—	—	—	0.34
	G09-12	公园用地	G11	3.83	25.88	6.76	C2/S3	12.01	—	1.63	2174	7.61	2.77	3.14
A051214	G14-01	商业、贸易咨询用地	C21、C23	4.38	26.15	5.97	C2/S3	4.22	—	1.69	621	2.18	0.22	0.96
	G14-02	商业、贸易咨询用地	C21、C23	6.13	31.76	5.18	C2/S3	4.94	—	1.39	866	3.03	0.30	0.81
	G14-03	街旁绿地	G15	2.64	—	—	C2/S3	1.80	—	0.72	216	0.76	0.08	0.68
A051215	G15-01	贸易咨询用地	C23	4.71	34.69	7.37	C2/S3	5.82	—	1.75	1013	3.55	0.35	1.24
	G15-02	旅馆业用地	C25	6.74	26.95	4.00	C2/S3	5.41	—	3.18	524	1.83	0.18	0.80
总计				66.03	394.63	5.98	—	144.24	0.47	31.60	24000	84.00	26.80	2.18

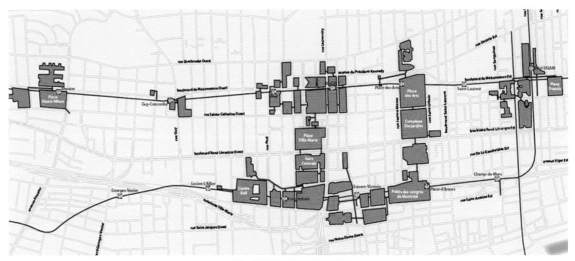

图1　蒙特利尔地下城平面布局

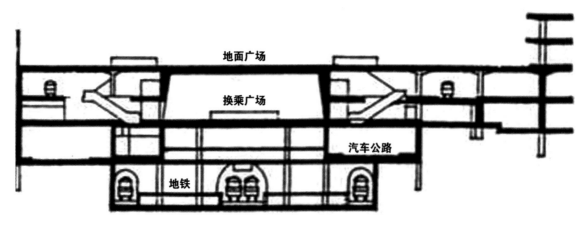

图2　巴黎拉德芳斯剖面

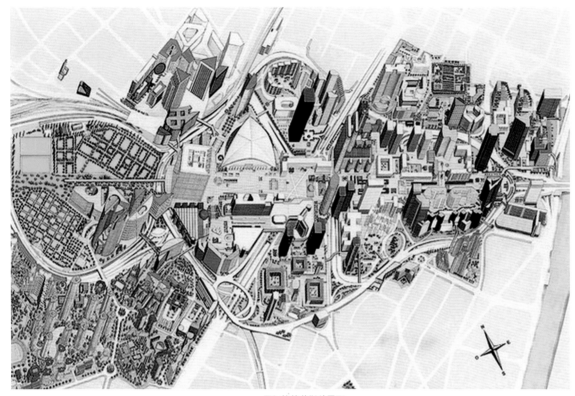

图3 拉德芳斯总平面

逐步形成了地下空间密集开发区域，如加拿大蒙特利尔市中心、法国巴黎拉德芳斯、日本东京新宿等都是在这一时期形成了其地下空间开发的框架。20世纪80年代后期，国内发展较快，北京、广州等城市也积极进行CBD地区地下空间建设。

3.1 加拿大蒙特利尔

蒙特利尔借助新城中心区建设的契机，从1962年开始地下空间的建设，至20世纪70年代，初步形成了世界上最大的综合地下城。

蒙特利尔地下设有全长32公里的地下人行通道，依托人行通道连接10个地铁站、62座建筑等，共计176个出入口，室内公共场所和商业街的面积超过400万平方米，占整个中心区商业面积的35%。受北美城市气候条件影响，更多的人接受并愿意在地下空间活动、来往，每天通行人流超过50万。这也促进了蒙特利尔超大规模、网络化地下城的建设。蒙特利尔地下空间的建设远非十几年甚至二十年的工程，相反，自1962年建设开始到如今，蒙特利尔的地下空间均在完善和更新，不同发展阶段政府均会做出灵活调控，长远谋划和持之以恒的建设是其成功的重要因素之一。

3.2 法国拉德芳斯

法国巴黎拉德芳斯新城地下空间建设在交通组织上有着鲜明的特色：一方面实行功能与流线的垂直分区，通过地下、地面功能区组织，将人行、车行垂直分离，车行交通全部位于地下，地面作为绿化和开发空间，形成总面积达67公顷的步行区域。另一方面，交通地下立体分层，底层为地铁M1、RERA线等快速地铁线路，将拉德芳斯区与巴黎市中心区紧密连接起来；地下1～3层是车行快速干道和停车场，组织过境交通和区域内部交通（图2，图3）。

图4 东京新宿区副中心

3.3 日本东京

新宿区位于东京都中心区以西，是东京市内主要繁华区之一。商务区核心区占用地面积为16.4公顷，商业、办公及写字楼建筑面积为200多万平方米，并形成东京的一大景观——超高层建筑群（共有40栋大厦）（图4）。结合轨道站点大量开发地下街是新宿商务区乃至日本所有地下空间建设的亮点，围绕新宿地铁站，建设新宿西口、南口、东口和歌舞伎町4条地下街，形成立体化的车行、步行系统，将地铁、公交、公共停车与步行系统有机统一，组成了一个良好的换乘体系。对于国土资源紧缺的岛国而言，这种模式无疑是最好也是必然的选择。新宿商务区大规模地下停车场的建设同样走在了世界地下空间开发的前列，地下街与停车场联合开发，解决了具有1000多车位的停车场的建设资金问题，也为超高强度的地面开发提供了保障。

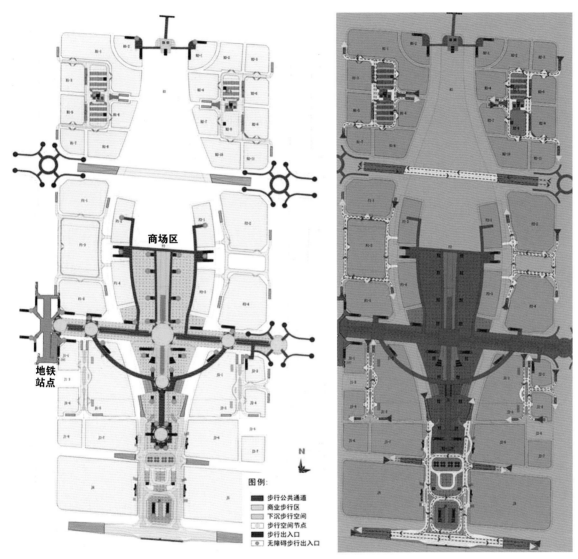

图5 广州珠江新城地下一、二层规划平面图

3.4 广州珠江新城

珠江新城作为我国的典型案例，其地下空间规划具有较大的借鉴意义（图5）。以中央广场为中心，面积104.8公顷，珠江新城规划以商业金融、商业综合、商业办公、文化艺术等功能为主的商务区。规划地面建设面积约464万平方米，地下空间为3层，开发面积66.5万平方米。一方面组织广场、地铁站与地下步行空间的无缝衔接，结合地铁站点，在中心广场的地下一层形成商业步行区，开发面积约1.7万平方米，形成46个出入口与地面相接。另一方面组织单向循环的车行系统，在地下二层，按照右进右出方式组织地下车行系统，规划分别形成18个入口和18个出口。

4 高密度地区地下空间的发展趋势

从高密度地区对地下空间建设的需求和国内外地下空间规划、建设的实践来看，结合我国城市发展的实际需求，高密度地区地下空间建设有以下发展趋势。

4.1 规模适度化

蒙特利尔、东京等城市地下空间建设固然取得了巨大的成就，如蒙特利尔建设大型综合地下城，进一步提升了城市影响力，日本通过轨道站点周边高强度地下空间开发，实现了高效化利用，但超大规模、高负荷的地下空间建设与我国地下空间建设的基本国情不一定吻合。一方面，我国大部分城市（除哈尔滨等北方城市以外），自然条件均较宜人，市民更愿意在地面空间活动；另一方面，我国大部分城市（除香港以外），土地资源的紧缺程度均不及日本城市，即使在土地资源稀缺的高密度地区，也没有高负荷开发地下空间的必要。城市地下空间必然以地上空间的有效补充定位为准，地上地下空间需保持一定的比例关系，一味追求规模大往往导致地下城的出现。此外，过高强度的地下空间建设势必带来更大的交通流量，与高密度地区地上密集的交通量不相匹配。

4.2 功能复合化

地下空间开发最早主要适用于地下人防设施和地下市政设施建设。20世纪五六十年代，受二战影响，我国大多城市均建设了大规模的地下人防工程，如防空洞等。随着城市规模的扩张，市政管线建设需求量剧增，地下市政设施建设也成为我国地下空间建设的重要组成部分。进入汽车普及化时代，地面停车空间不足，地下停车场应运而生，可以说地下人防、市政以及地下停车已经成为地下空间建设的基本配备。但高密度地区城市发展的核心地区，地下功能的选择远不能停留于基本功能。围绕地铁建设，采用多功能复合的方式，引入商业街、社会性交流场所、交通设施、市政设施、办公管理等一系列功能，实现与地面功能的差异化发展、协调性补充，必然成为高密度地区地下空间建设的趋势。

4.3 交通网络化

高密度地区面临的最大问题当属交通问题。地下交通的网络化是充分发挥地下空间资源的有效形式。网络化的地下空间开发是城市集约化发展的必要条件，可以有效解决地面建筑、人口容量的不足，提高交通效率。网络化具有整体性强、连通性高、协调性好的优点，将地下空间实现网络化的高效连通，一方面可以增强城市各个建筑、广场、道路之间的有机联系，另一方面可以为地面留出大量步行空间、生态绿地等。

5 王家墩中央商务区地下空间规划解读

王家墩地区位于武汉中央活动区范围内，1999年国务院批复的《武汉市城市总体规划（1999—2020年）》中明确将该地区定位为武汉中央商务区。商务区东临常青路、青年路，南至建设大道，西临汉西路，北至发展大道，总用地面积为7.41平方公里。功能定位上依托建设大道集中建设金融商务、贸易咨询、会展信息、商业服务等重大设施，形成现代商务中心区。王家墩中央商务区地下空间主要集中于核心区91.8公顷范围内。

5.1 地下空间总体布局

规划形成"一环双轴"的总体布局结构，建设以地下环路为主的地下交通转换系统（单环），以地铁中心站为商业核心，形成"T"字形两条地下商业主轴（双轴）（图6）。

5.2 总体规模确定

根据《王家墩商务区地下空间规划》对核心区地下空间定位，结合地下空间功能，并按照配建标准对地下空间建设总量进行了详细推算，并将地下空间总量按功能需求进行分配（图7）。

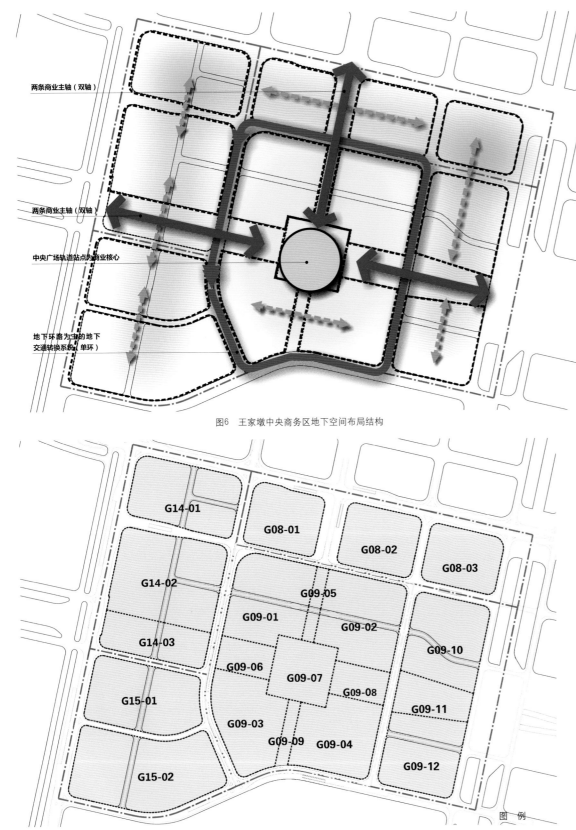

两条商业主轴（双轴）

两条商业主轴（双轴）

中央广场轨道站点为商业核心

地下环路为主的地下
交通转换系统（单环）

图6 王家墩中央商务区地下空间布局结构

图7 王家墩中央商务区地下空间分区图则

图 例

图8 王家墩中央商务区地下空间地下分层布局

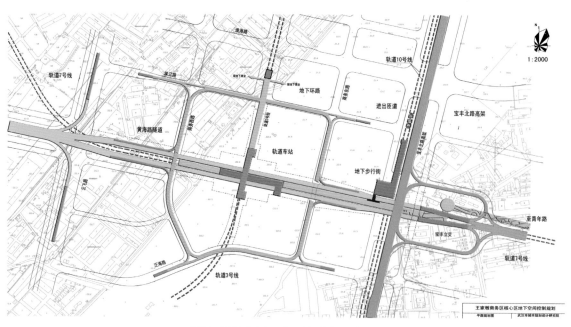

图9 王家墩中央商务区地下空间总体交通布局图

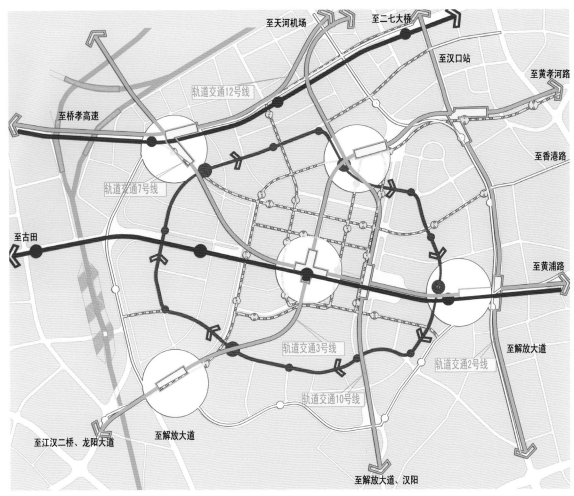

图10 王家墩中央商务区地铁线路规划

王家墩中央商务区核心区占地面积91.8公顷，净用地面积66公顷，根据测算地面建设总量394.6万平方米，平均容积率约为6；地下建设总量144.2万平方米，平均地下容积率为2.2，地面地下建设比例约为3：1（实际为2.74：1）。地下公共服务设施31.6万平方米，停车84万平方米，其他辅助设施26.8万平方米，地下环路总长2.5公里。

5.3 分层规划

结合地下空间总体布局结构，地面层相应形成两条景观轴线。核心区横向轴线布置中央公园、下沉广场，纵向上北连王家墩山体公园，南接梦泽湖公园，打造商务区景观中轴。邻近梦泽湖公园布置滨水活动、旅游、休闲、购物、游乐等功能，邻近珠江路建设商务金融街，打造核心区现代、繁荣的金融商务景观。

地下一层主要为地下商业设施、部分地下停车场、设备用房等。地下二层主要为地下环路、地铁中心站站厅、地下街、地下停车场、设备用房。地下三层为3号线站台、地下停车场和设备用房。地下四层包括地铁7号线站台、黄海路隧道、地下停车场（图8）。

5.4 地下交通规划

5.4.1 地下总体交通布局

规划王家墩商务区核心区构建"一桥一隧、一环两街三轨"复合型、立体化交通网络体系，"一桥一隧"即为南北向的宝丰路高架以及东西向的黄海路隧道，构成王家墩商务区核心区对外交通"金十字"（图9）。"两街三轨"为环绕核心区中心地块下的地下交通环路、穿越核心区的地铁3、7、10号线等三条线路以及结合地铁3、7号线明挖段设置的地下商业街。

5.4.2 地下轨道交通规划

王家墩商务区内共有5条地铁线路，其中地铁3、7、10号线穿越核心区。在核心区范围内，7号线与3号线相交于核心区中心并形成换乘站（王家墩中心站），10号线平行于宝丰北路，并在黄海路北侧设站一座，与王家墩中心站形成换乘。

王家墩中心站为地铁3号线和7号线换乘枢纽站，平面布局上呈"十字"交叉，车站布局与周边地下空间采取一体化设计，竖向上分为四层（图10，图11）。

地下一层为下沉广场，中央设置穹顶，以满足地铁站厅功能和塑造标志性空间景观的需要，并兼顾地下空间消防疏散、通风采光功能；地下二层包括地铁3号线和7号线站厅，在站厅层周边局部设置两层商业联系下沉广场，通过下层商业与周边地块地下二层进行衔接；地下三层布局有地铁3号线站台层和地铁3、7号线设备层；地下四层布局有地铁7号线站台和黄海路隧道。

结合王家墩中心站和地铁3号线停车线、地铁7号线明挖段的建设，在地铁区间上方沿东、西、北三个方向形成"T"形地下步行街。

5.4.3 地下环路规划

为扩容路网容量，减少地面交通压力，改善地面环境，集约利用核心区地下车库资源，规划沿核心区中心地块周边四条城市道路下方布置一条地下环路，全长2.5公里（图12）。

图11 地铁王家墩中心站效果图

5.4.4　地下隧道规划

黄海路东接建设大道，西连南泥湾大道，横向串联古田组团、王家墩商务区、汉口中心区、二七组团等城市重要的功能组团，是汉口地区介于解放大道和发展大道之间重要的交通景观性主干路，也是王家墩商务区向西重要的快速出口路。

规划黄海路采取高架、隧道、路堑、下穿多种形式相结合，全长3公里（图13）。

5.4.5　地下常规公交规划

规划沿珠江路、商务西路、商务东路、泛海路布置常规公交站点，在核心区共设置6条公交走廊，并通过地下通道联系地下商业空间和地铁站点（图14）。

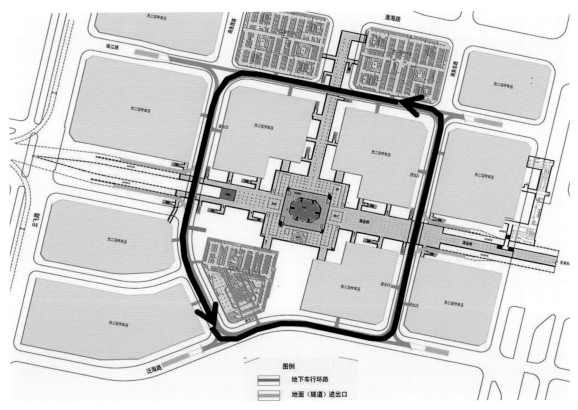

图12　王家墩商务区地下环路平面布局图

图13　王家墩商务区黄海路总平面布局图

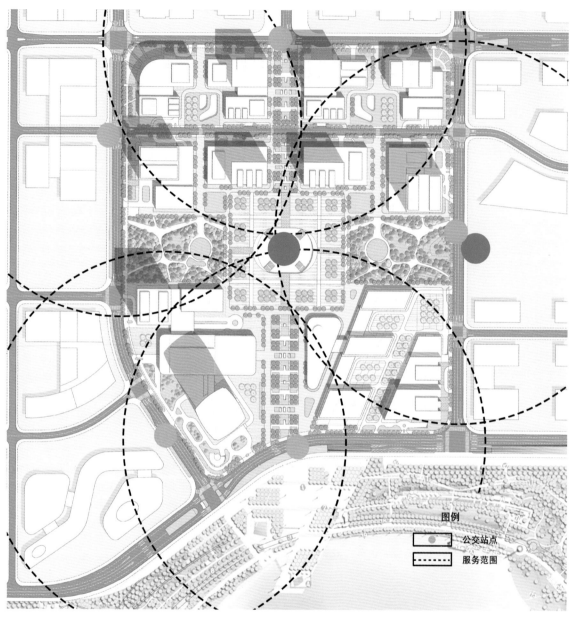

图14　王家墩商务区核心区公交服务半径

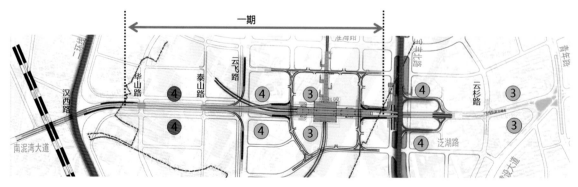

图15　王家墩商务区地下隧道建设示意

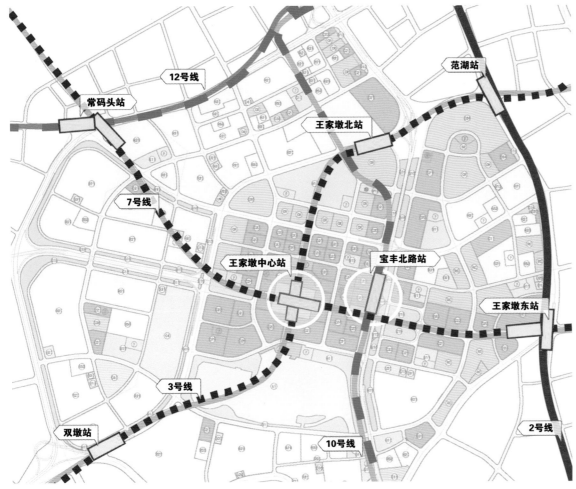

图16 王家墩商务区地铁线路示意

5.4.6 地下停车规划

商务区核心区采取地下停车为主体，辅以少部分地面停车。核心区中心地块共设置三层地下停车，主要布置在地下二层、地下三层以及地下四层部分区域，总泊位数约1.25万个。

6 王家墩商务区地下空间建设情况介绍

商务区内规划一条东西向黄海路地下隧道和一条环形地下隧道，目前，地下环路已经建成。地下隧道一期1.8公里工程正在建设（图15）。

王家墩商务区内共有2号线、3号线、7号线、10号线和12号线等5条地铁线路。2012年12月底，2号线建成通车，设范湖和王家墩东2个站点。目前在建3号线和7号线，分别于2015年底和2017年通车，共设王家墩中心站、王家墩东站、王家墩北站、双墩站、范湖站、常码头站等6个站（图16）。

7 结语

王家墩地下空间建设尚处于创新和摸索阶段，后续的建设和完善仍然任重而道远，高密度地区地下空间的成功建设，同样离不开不同阶段的政策保障和政府不间断的完善、引导。

现代服务业型重点功能区——研究思考

基于"政府引导"的重点功能区建设机制探讨
——以武昌滨江商务区为例

Discussion on Construction Mechanism of Key Functional District under the Government Guidance: A Case Study of Wuchang Waterfront Business District

【摘要】重点功能区是城市形象的代表区和城市经济新的增长极，承担着武汉市建设"国家中心城市"的职能目标，关系着城市未来的发展进程。然而由于重点功能区自身的定位需求、土地主体与性质的多样化，各方利益的复杂性，在实际推动实施过程中面临较大难度。本节从"政府引导"的角度出发，基于建设机制的独特性，从土地经营、方案管控、投融资模式三方面重点阐述政府所起到的职能作用和如何高效引导建设的开展，对重点功能区的建设机制进行初步探讨。

Abstract: As the image, and the new economic growth pole of the city, the key functional districts undertake the mission of the development of Wuhan as the national central city, and determine the growth direction of the city in the future. However, there are complexities to implement the plan, due to the high expectation, diverse land owners and uses, as well as multiple interest groups. This article discussed the development mechanism of key functional district under the government guidance. It emphasized on the role of government and the improvement of efficiency in terms of three aspects, land management, project control, and investment and financing mode.

引言

城市重点功能区作为承载和布局城市重要职能和重要功能的空间载体，为政府、开发商、公众提供了建设实施平台。而在建设实施平台上，如何对土地、资金、产业等城市功能要素进行合理的配置，如何保证缺少法定地位的城市设计方案得以"原汁原味"地实施，这些都是政府必须破解的难题。又好又快地推进城市重点功能区建设，将规划重心逐渐转向实施建设，满足规划方案合理有序实施建设的需要，是政府必须探讨的内容。本节选取武汉市划定的重点功能区之一的武昌滨江商务区为例，探讨城市重点功能区中政府引导的建设机制的实施与运用。

1　建设中政府的职责与角色

城市重点功能实施建设是随着地理区位、政府组织与财政、经济环境、社会环境等变化，有着自己的特性。但其在建设的过程中，在土地资源优化与配置、基础设施配套、外部负效应应对等方面都需要政府力量的引导；同时在市场经济发展下，土地成为其最大的资源，越来越具有市场的导向特征。在审视城市建设的"时"和"势"后，在建设运行中一般会采用"政府引导+市场运作"模式。

在该模式中，政府主要在四个方面进行引导：一是政府主导或管控重点功能区的规划方案和实施；二是需对土地的开发进行引导和土地的经营进行管控；三是组织大量资金进行公共基础设施、市政实施和公共空间环境建设；四是在建设中政府必须在产业、空间形态、环境品质等方面加强管控。

2　基于"政府引导"的重点功能区建设机制探讨

2.1　"政府引导"的重点功能区建设的难点

（1）规划方案的实施性

重点功能区规划方案一般以政府为领导小组，以设计单位为技术平台编制完成。但在编制背景下制定的"终极蓝图"式规划方案如何在瞬息万变的市场中生存下来；如何在可能存在规划过度干预的情况下，防止规划失灵；如何在整体规划而分地块建设时保证好的设计要素（如空中廊道、地下空间等）的实施。面对未来，保证高水平方案高质量的建设是重点功能区实施建设的现实难点。

（2）建设开发的风险性

重点功能区建设地区一般为城市棚户区、城中村等城市落后地带，居民多属于社会中下层，经济实力较弱；整体的基础设施建设成本也在上升；重点功能区目标产业尚未发展起来，现有产业无力提供更多财力支持，难以进行"自我造血"保持可持续资金来源；且房地产进入"白银时代"，社会资本流向房地产的意愿下降，未来市场的不明朗等因素，直接造成重点功能区建设开发的风险性亦在攀升。

2.2　政府引导重点功能区建设机制

（1）土地开发经济的平衡

重点功能区建设中建设主体为政府，客体为开发商。这种主体与客体的分离、拆迁还建成本升高、改造周期较长等因素，都是其建设推进乏力的核心问题。同时，地块分散分布、单宗地块开发难以疏解原有功能，必然导致拆迁腾退难、市场融资难、开发主体意愿不高等问题。这些需通过土地资源整理，清算土地经济成本，在规划方案中重视土地经济测算，综合统筹跨区域的划定拆迁还建区域，实行土地打包来平衡土地开发成本，从土地集约利用和改造综合效益出发，实现土地供给与需求的资金平衡，形成最佳的"规"与"土"经济效益。

（2）实施性方案的管控

规划实施方案更多地注重"目标取向"，而没有形成一种"过程取向"的研究。这样方案的设计要素一旦转化成城市规划管理的技术成果，在实际操作中每个时期的建设项目情况就难以管控。其中一个最明显的例子就是将方案作为城市土地管理的手段介入规划管理的实践中，方案中的用地性质转化成控规中管理文件后就属于法定文件，成为法定文件的土地开发就很难适应市场变化的需求，可能导致同一开发商对同一地块的规模与定位需求发生多次变更。这就需在建设过程中每个时期融合社会性过程要素（社会因素、经济因素、生态环境、实施政策、经济决策等）给予适当的弹性。

（3）投融资模式的选择

重点功能区的建设中，政府扮演着"掌舵"的角色，其核心是进行公共资源控制与建设，而对公共资源建设的融资模式无外乎三种：财政税收、市场融资、土地出让。随着市场经济的不断发展，政府对市场的行政性干预减弱，相应的公共资源建设资金来源之一的财政税收投资所占比例也逐渐减少；其次通过土地出让而获得资金的80%被市级以上政府收走。面对未来，针对不同时期、不同项目、不同地段，选择符合重点功能区建设的投融资模式，满足前期建设资金的需求，保证其好又快地发展。

3 基于"政府引导"的武昌滨江商务区建设机制

3.1 开发建设背景

为承接武汉市市级职能，以及推进"国家中心城市"的建设，武昌区政府提出在滨江地区建设"武昌滨江文化商务区"，将其打造成以国际金融、信息咨询产业为主导的区域性总部商务首善区，一个功能混合、尺度适宜的世界级城市滨水功能区。

武昌滨江商务区规划的175公顷范围内基本为城市棚户区和旧工业区，是武昌滨江一线可集中开发、整体打造的唯一土地资源。在其实施性规划方案的编制过程中实行了城市规划和土地规划双轨并行的工作方式，在城市土地上构建资源节约和环境保护的空间格局、产业结构，确保了方案有效实施和土地利用的效益最大化。

3.2 建设中"政府引导"理念

3.2.1 政府引导的规划功能与土地经济相互结合

规划功能空间布局结合土地经济平衡的原则，对其改造区域的土地资源进行整理，清算土地成本，划定拆迁还建区域，通过商务区内的项目捆绑，实现土地经济平衡；也就是在划定企业总部、高端商业、公共服务设施区域时，结合土地平衡和精细化的土地经济测算划定不同功能区域，并进行配套的房地产开发，满足整体商务区内棚户区开发资金流转的需求。在具体功能业态的招商中进行土地收益和运营收益的近、中、远期测算，考虑市场的基本规律和可接受程度，实现功能目标最大限度地满足规划要求。

3.2.2 政府引导的规划方案与市场环境相互结合

规划方案的产业策划，对比了国际、国内众多城市功能区的产业类型，预测了第三产业未来发展方向，最后确定了产业发展方案；规划方案的空间品质，是分析了城市整体空间结构、国际案例空间形态、产业发展空间需求等因素的基础上，同时也考虑到未来城市发展品质提升的需求，设计与未来市场发展相结合的空间组合型方案；规划方案的建筑形象，是结合"两江四岸"的旅游市场需求，在横向上塑造"W.com"形态的城市天际线，纵向的建筑高度与距离江边距离为反比例确定建筑高度，形成不同高度空间层次的建筑高度，营造丰富的建筑群体轮廓线。

3.2.3　政府引导的融资模式与政府运行相互结合

滨江商务区的建设是个非常庞大的、长期的系统工程。规划的高标准和高品质及建设的大规模，使得需求建设资金量巨大。在整个建设过程中，政府的核心责任是进行公共控制，即不断通过对公共资源进行干预，引导市场自由开发，减少风险，实现公共资源与自由市场的动态平衡。为这种平衡的可持续，政府在选择融资模式的时候，必须与政府的运行状态、运行模式、运行环境等相互结合。不同的投融资模式适合于不同时期的重点功能区建设，政府主要资金的投入在基础设施的建设和土地平整上，土地属于政府最大的资产，所以在投融资模式的选择必须发挥土地的最大经济价值，最大地符合政府的公共运行利益。

3.3　建设的方式

3.3.1　土地经营方式

土地是滨江商务区重要的核心资源，可通过土地经营，形成建设投入—土地增值—出让土地收回—建设更大投入的良性循环，为滨江商务区建设和发展提供稳定的资金来源，并实现功能的调整和环境改善。

而滨江商务区大部分土地已被市土地储备中心和市城投公司收储，造成实施建设主体和建设客体的分离，对滨江商务区实施建设的投融资产生很大的影响，故可以借鉴上海陆家嘴商务区土地经营的方式，即"土地空转、资金实转"。涉及武昌滨江商务区实际情况，需与市土地储备中心进行谈判。具体操作步骤为：（1）区政府成立的投资公司/引进的投资公司；（2）投资公司或区土地储备中心以区政府名义与市土地储备中心谈判，争取以现行土地价格将滨江商务区土地收储（如是区储备中心收储，需以优惠的价格给投资公司收储）；（3）投资公司将土地抵押给银行，获得贷款；（4）投资公司将获得的贷款，用于土地的拆迁、整理、基础设施建设，将"生地"转换成"熟地"；（5）投资公司将"熟地"投入市场招拍挂，获得"原始地价+溢价"，获得更多建设资金。这种土地经营方式最大的好处就是能将土地储备带来的土地升值的价格留在区政府手中，增加区政府土地收益。

投资公司在"生地"变成"熟地"后投入市场的过程中需清晰地认识土地级差地租，防止"土地溢价"流入开发商手中（如规划轨道交通周围土地的升值、公园绿地土地的升值等）。建议在滨江商务区实施方案的规划引导下，进行AOM(预期导向经营模式)、TOM（交通导向经营模式）、SOM（服务导向经营模式）以及EOM（生态导向经营模式）相互结合的方式进行土地经营。

3.3.2　方案管控方式

武昌滨江商务区规划方案实施过程中需要把握"终极蓝图"式规划目标与"动态"的时时变化，从技术上解决好控制与引导的"度"。控制太弱、引导太强将使实施方案的目标实现失效；控制太强、引导太弱又会限制实施方案随时代的变化性。在这种"度"掌控中，可实行"终极蓝图"+"动态运作"相结合的管控方式。

（1）坚持"终极蓝图"式方案目标，是在正确把握重点功能区核心功能前提下，在宏观层次坚持区域功能定位、产业发展、空间形象、生态保护等不动摇。一是加强实施方案中需要坚持控制要素研究，并在下步滨江商务区核心区控制性详细规划方案中进行落实，在规划管控的法律法规层面寻求严格控制；二是对重点功能区实施建设过程中运行问题进行研究，对宏观产业进行控制，微观产业发展进行引导，严格执行实施方案的策划产业与功能比例；三是坚持实施方案的生态理念，严格控制公共绿地的非建设性，坚持区域内公共绿地"只增不减"；坚持规划生态网络格局的建设；坚持建筑方案设计融入生态技术。

（2）兼顾"动态运作"规划管控，是由于方案编制和方案实施是完整运作过程中两个独立阶段，且滨江商务区的建设是一个"连续决策和不断调整"的动态过程，所以方案中非核心区建设可根据市场需求进行修正，确保健康稳定地发展。一是加强策略性开发规划的编制。编制滨江商务区建设策略性规划，综合考虑不明朗因素，为未来建设发展制定不同方案，然后拟定不同发展选择和多个可代替策略，使制定出台的策略更具弹性和应变效力。同时制定"应变计划"和"项目库"或"策略库"，使政府在建设中遇到外来或内在不明朗因素所带来的急剧转变（经济、政治等）时，都能应付自如。二是进行规划用地性质兼容性和弹性开发研究。在这方面可引入"灰色用地"的概念，应对市场经济变化对滨江商务区的冲击，增强实施方案在建设过程中的灵活性。三是建设方案审批中引入绩效性管制与规定性管制结合方式。研究制定滨江商务区实施方案的绩效性和规定性导则，为其建设和公共设施设计提供可参考设计要点。

3.3.3 投融资方式

针对重点功能区内房屋征收、拆迁和社会维稳成本的增高，带来整体土地运行成本的升高，为减少土地经营的投融资风险加剧的影响，根据改造地块的情况不同，可采取三种土地经营融资方式。

（1）采取"市区联合融资"和"区级政府融资"的模式。针对市级平台储备用地，可采取"市区联合融资"，即市级平台出资金，区级政府进行土地整理与挂牌，然后给市级平台土地收益回报；针对零星地块，可采取区级政府自身融资，直接挂牌，进行土地资金平衡。

（2）利用"政策融资"方式进行建设融资。针对城市棚户区改造成片地块，且前期的房屋征收与拆迁投入资金需求量较大，其建设融资途径可利用现行的国家棚户区改造政策，采取与国家开发银行合作，实施低息贷款融资，解决棚户区改造资金问题。

（3）"PPP"融资模式。针对基础设施建设中投入资金需求量大、土地建设强度较小、土地溢价呈现负值，房产套现值相对投资额较小，致使整体投资回本周期较长，单纯的由政府投资或市场投资都存在较大的风险，可采取"PPP"的融资模式。

4 结语

成功的城市重点功能区建设，必定少不了成功的实施建设机制；而成功的实施机制少不了政府的高效引导。而土地经营、方案管控、投融资模式三个内容是政府在操作过程中必须解决的问题，一方面关系到政府是否能树立高效运行的形象，一方面关系到市场是否配合政府的意图，从而又好又快地建设城市重点功能区，为整个城市建设甚至城镇化建设提供实施建设方面的范例。

现代服务业型重点功能区 —— 研究思考

"以人为本"的交通集约化设计
——武汉市重点功能区规划实践

Human-oriented Traffic Intensification Design:
A Case Study of Wuhan Key Function District Planning and Practice

【摘要】从需求、空间和实施三个角度，总结了人本交通的规划原则；并在城市开展重点功能区"一体化设计、一体化建设"的背景下，探讨如何将交通规划与用地规划有机的融合，打造功能集约、空间集约、尺度宜人、环境宜人的交通体系；并以武汉市杨春湖商务区为例，介绍了集约化交通设计在重点功能区规划中的实践。

Abstract: This article concluded the planning principles of human-oriented transportation from the aspects of demands, space, and implementation. As the city of Wuhan has proposed the idea of integrated design and development in the urban key functional districts, it discussed the integration of the transportation plan as well as land use plan to create effective, intensive, human-scale and environment-friendly transportation system. Finally, it introduced the practice on the implementation of intensification human-oriented transportation design in the urban key functional district planning of the Yang Chun Hu CBD in Wuhan.

1　引言

随着城市空间的不断增长，交通机动化的迅猛发展，"集约节约利用土地"、"规划管理精细化"已成为城市规划的新目标。人们对城市交通的要求不仅仅停留在"通行"与"可达"的层面，同时更多地关注到用地与交通能否良好地结合，交通的设计能否"以人为本"，能否集约利用空间等方面。

国外城市如美国的洛杉矶（2008、2011）、纽约（2009）、旧金山（2010）纷纷出台了新的街道设计导则；英国2007年颁布的《街道导则》（Manual for Streets），也体现了对于道路功能的重新认识，倡导街道设计的多样性、步行的网络化、视觉的美观性、地域的特色化、生态的可持续性等多个方面。国内城市如北京于2013年制定了《北京市道路空间规划设计规范》；长沙于2009年制定了《长沙绿色道路设计导则》，也强调了人性化、安全性、注重景观生态等理念。

综上，"人性化"、"集约化"交通是社会发展的必然趋势，也是城市高效可持续发展的必经之路，如何在规划中实践、在建设中落实是需要长期坚持和探索的道路。

2　"以人为本"的交通规划原则

在城市交通系统中，包含有十大关系：人与车的关系，交通与城市发展的关系，交通参与者之间的关系，交通管理者与被管理者的关系，交通与环境的关系，交通与资源的关系，交通横向关系，交通纵向关系，交通时空利用关系，交通教育、设施与执法之间的关系（图1）。"以人为本"的交通系统就是处理好这十大关系，而从交通规划的角度，"以人为本"应包含以下几方面的规划原则。

2.1　需求角度——降低机动化出行比例

机动化出行需求的增长，是城市各种设施和政策向机动化交通倾斜的根本原因。要改变"以车为本"的现状，根本上需要降低不合理的机动化交通出行需求。

城市规模和用地布局决定了城市交通需求量的大小以及交通量的空间分布状况。它们也直接影响着人们对交通方式的选择。以北京市为例，随着城市规模的扩大，2005年北京市居民出行距离为9.3公里/次，比2000年提高了25%；而随之而来的，是机动车保有量成倍的增长，从2000年的150万辆增长到2005年的260万辆。同时，各种交通运载工具运载能力、准点率、舒适度等的不同，也势必对城市交通需求量的大小、发生强度与分布密度有着不同的影响，客观决定了不同规模和布局形态的城市结构对出行方式选择的差异。"表1"显示了不同交通方式对出行距离和城市规模的容忍程度。

从表中可看出，城市规模越大越需要机动化的交通方式来适应。而相比常规公交，地铁与小汽车对500平方公里以上的城市适应程度相当。因此，为了降低机动化的出行需求，一方面要合理控制城市规模，另一方面应大力发展快速、大运量的公共交通方式。同时，城市用地布局，应注重与公共交通走廊，而非与快速路走廊相结合的发展模式。

2.2　空间角度——规划适宜慢行尺度的交通设施

我国现有的地块开发模式可以总结为"大街区宽马路"的形态。每个大地块内部均成为一个小社会，内部的活动自成一体，而忽略了路网等城市基础设施使用的公共性，使得大量交通需求由大院外围稀疏的城市干路承担。为缓解干路压力，干路被迫不断拓宽。研究表明，低密度路网在交通需求较低时具有更好的服务水平，而高密度路网在交通需求较高时具有更好的服务水平。而对于中心城区而言，大尺度的路网是一种缺乏效率和可靠性的路网模式，是一种不集约、不人性化的用地模式。

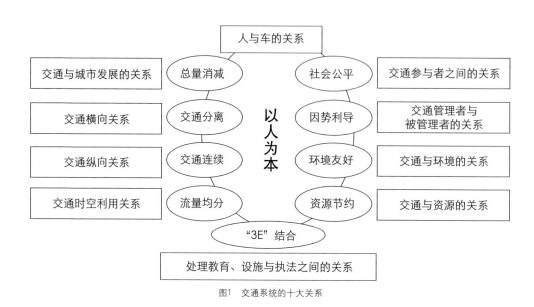

图1 交通系统的十大关系

表1 不同交通方式的出行特征

交通方式	平均速度（km/h）	半小时内可容忍的出行距离（km）	出行可容忍范围内的城市规模（km²）
步行	4	2	13
自行车	15	2	13
常规公交	16~25	8~12.5	200~490
地铁	25~60	12.5-30	490~2830
小汽车	40~60	20~30	1260~2830

因此，"人本交通"的发展，离不开城市空间尺度的改变，营造拥有人本尺度、步行通畅、适宜人行的街区，可强化人门对慢行交通的偏好，从而减少对个体机动化交通的依赖。

2.3 实施角度——赋予慢行主体更多优先权

慢行主体是各种交通主体中相对弱势的群体。保障慢行者的权益，赋予慢行者更多优先权是交通是否"以人为本"的直接反映。而慢行优先权不仅体现在相关制度和规则的制定中，同样体现在交通规划设计层面。

而这些主要体现在微观层面的道路设计中，包含人行道宽度的合理性、人行道的连续性、人行过街的安全性、非机动车道的连续性、特殊停车位设计、街道家具设置、交通标志设计等方面。慢行优先权的赋予，不仅需要更多地从慢行者的角度出发去适应其需求，更需要在整个交通系统工程中，权衡"公平"与"效率"的关系，发展与区域特点相适应的交通策略。

3 重点功能区内"以人为本"的集约化交通发展策略

重点功能区是城市功能最集中、投资最密集、形象最鲜明的区域，同时也具有"政府、市场、业主的一体化参与"、"功能主导与空间经营一体化实现"、"规划实施与土地制度一体化融合"的优势，是实践规划新理念，促进用地与交通融合，实现"以人为本"的集约化交通的理想区域。

同时，由于重点功能区的主导功能用地占比达到40%～50%，在区内将实现同类或相关功能在空间上的高度集聚。因此，区内的交通也具有同类型出行需求高度集聚的特征，适宜发展集约化交通，主要侧重以下几方面策略。

3.1　建立公交、轨道 "一体化" 的公共客运系统

"一体化交通" 是指交通系统中各子系统之间以及与外部因素的高度协调。其主要表现在内部整合和外部关联两方面。内部整合包括设施平衡、运行协调和管理统一。外部关联是指充分重视交通与城市功能提升的互动作用。

轨道与公交同属公共客运交通，但具有不同的运能特点。轨道交通因其运量大、速度快、准点率高、不占用道路资源，适合与高密度的公建开发区域相结合，组织远距离、高密度客流的快速集疏运。而常规公建因其线路灵活、班次多、换乘方便、可达性高，适合作为轨道线网的补充，深入居住区内部，组织短距离、接驳性质的客流。

两者的一体化，主要表现在站点协调统一的布局，与换乘系统的设计。

3.2　构建空间集约的立体化交通体系

在用地有限的情况下，功能的集约必定建立在空间集约的基础上。打造地下、地面、地上立体化的交通体系，是许多城市都在开展的建设思路。而不同交通方式在空间上的分配则应结合规划区域的不同特点。

针对重点功能区对环境需求较高的特点，规划构建地下车行系统，分流地面交通，释放更多地面空间给行人和慢行交通；同时针对有高铁和轨道站点的枢纽地区，构建分层的慢行系统，地下与轨道和地下商业结合打造快节奏、高效率的步行系统，地面提高慢行环境，打造高品质的步行系统，地上与建筑和高铁站厅相结合，打造无缝连接、安全独立的慢行系统。

3.3　打造尺度宜人与用地相适应的完整街道

道路空间并不是孤立存在的，还应包括与沿线设施相关联的部分空间。根据道路与外侧建筑环境的关系，有研究将城市道路划分为路侧封闭型道路和路侧开放型道路两类。

封闭型道路两侧的用地功能多为居住、办公、学校、医院等。封闭型街道外侧的围墙和绿化隔离实际上也成为道路空间的一部分。通过对于围墙和绿化隔离的设计，可以为行人塑造层次感丰富的绿视和文化感受。

开放型道路外侧用地功能多为商业、开放式办公等，尤其是相邻商业功能，商业建筑与人行道之间形成开放广场，成为必要的外部缓冲和联系空间。结合两侧建筑的退界空间，可以对道路空间进行整体设计，创造良好的街道空间。可将机动车道之外的街道步行、自行车交通空间分为建筑前区、步行通行区、街道家具区、自行车道和路缘区，充分拓展了人行空间。

4　杨春湖商务区交通集约化设计实例

4.1　杨春湖商务区基本规划情况

杨春湖城市副中心位于武昌二环线和三环线之间，是新一轮武汉市城市总体规划确定的依托武汉站的交通枢纽型城市综合服务中心，也是武汉市三大城市副中心之一（图2）。

新一轮的重点功能区规划将杨春湖商务区定位为，围绕高铁经济、智慧经济和民生经济，构建的 "滨水个性之城"、"产城融合之城"、"立体集约之城"、"高效便捷之城"、"休闲乐活之城"、"生态智慧之城"。规划

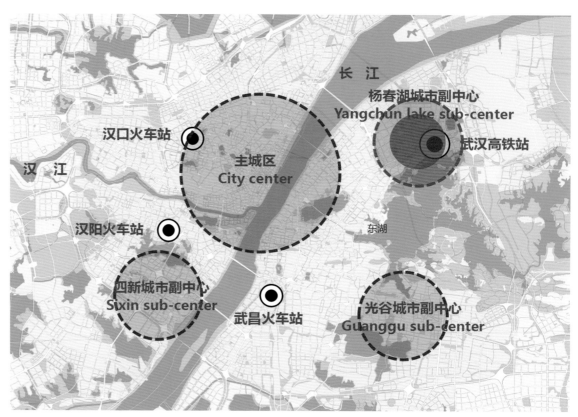

图2 杨春湖商务区区位

图3 杨春湖商务区建筑空间功能布局

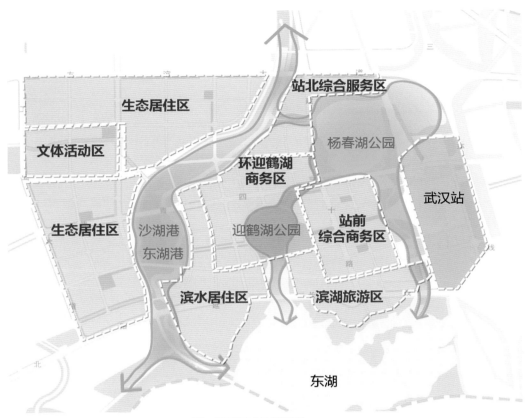

图4 杨春湖商务区规划结构

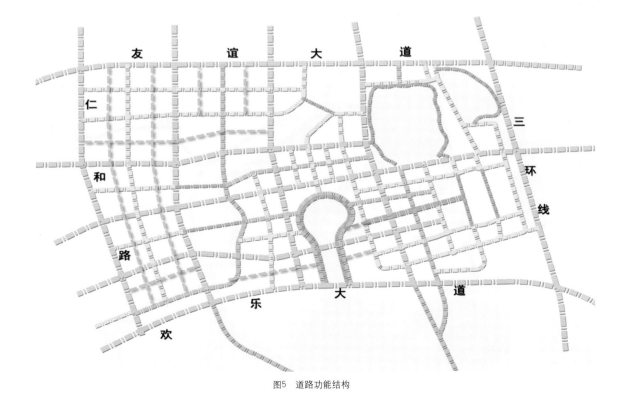

图5 道路功能结构

结构为"一轴、双核、五区、三带"。核心区规划用地以居住、商业服务设施为主，规划区8.96平方公里范围内规划总人口将达到13万～15万人，服务人口约20万人，建设规模将达到850万～1100万平方米（图3、图4）。

4.2　城市设计阶段的集约化策略

4.2.1　结合区内功能布局，确定道路功能结构

在道路等级分类的基础上，基于对道路对周边用地的服务功能，建立起以功能区分的分类方法。主要分为：交通型干道、生活型干道、慢行为主道路和慢行专用道4类（图5）。

交通型干道为对外交通主干道路，以及连接不同组团的次干道；生活型干道是组团内的次干道和主要支路；慢行为主道路是水景、公园、商业区等休闲、景观资源附近的道路；慢行专用道为慢行需求高度集中的区域，有条件禁止机动车的道路。

针对杨春湖商务区的8大功能区布局，同时结合区内的水系景观资源，规划在功能组团之间构建以主干道、次干道为主的交通性道路；针对居住区和商务区内部，布置高密度的生活性道路；围绕"两港"地区和杨春湖公园、东湖等景观资源丰富的地区，布置慢行为主和慢行专用的道路。

4.2.2　针对高密度开发的区域，构建地下道路

为进一步改善杨春湖商务区核心区的交通条件，可将启动片到发交通引入地下，创造良好的地面环境，在杨春湖商务区核心区启动片内，设置了两个连接公建地块停车场的地下环路（图7）。

一是缓解地面交通压力，减少地块出入口；二是联系对外通道，方便车辆快速进出基地；三是连通部分停车场，实现停车共享，提升地下停车空间的利用效率；四是将垃圾清运、货物运输等服务性车辆引入地下环路系统，释放地面装、卸货平台和货物堆场，提高地面绿化覆盖率和优化景观效果。

4.2.3　打造立体、多样化步行系统，支撑区域集中开发

为充分实现空间集约、功能集约的交通规划理念，在杨春湖商务区即武汉站西广场边的区域，规划了4个轨道站点，并通过地上地下空中三层的步行系统，将其串联成为一个整体，实现了不同功能在同一平面上垂直叠加的区域集中开发模式（图8）。为步行交通创造了一个尺度适宜的基本系统，为下步详细设计奠定了基础。

4.3　详细规划阶段的集约化设计

4.3.1　断面差异化设计

根据各条道路的性质、等级和功能确定断面形式和各部分宽度，使横断面的布置既满足交通畅通和安全需求，又便于市政管线埋设。特别是针对不同功能的道路，差异化地提出断面布置要求（图9）。

其中，交通型干道和生活型干道，侧重提高公交覆盖率，交通型干道要求公交专用道覆盖率>60%，生活型干道要求公交线路覆盖率>80%。而慢行为主道路则以保障慢行空间及其连续性为主，要求非机动车道宽度>3米、人行通行宽度>8米（含建筑后退红线距离）。慢行专用道，重点打造高品质的慢行环境，关注慢行舒适度，要求绿荫覆盖率>80%、人行休憩设施间隔<100米。

4.3.2　步行无障碍设计

在城市设计阶段确定的步行系统下，优化步行空间的细部设计。特别是针对步行与非机动车、机动车在

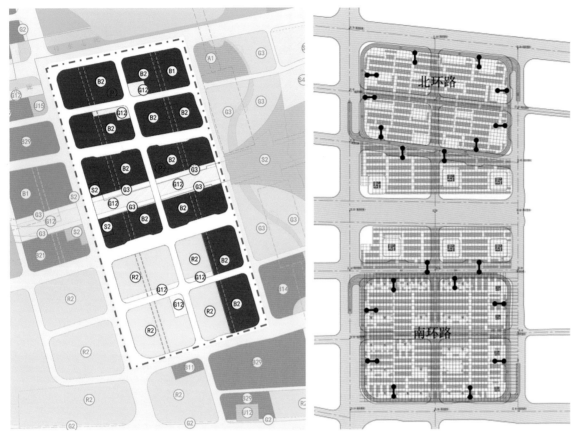

图6　启动区用地规划图

图7　启动区地下环路规划图

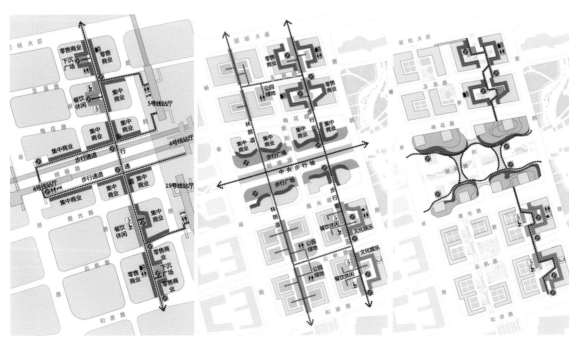

图8　地下、地上、空中一体化的步行系统

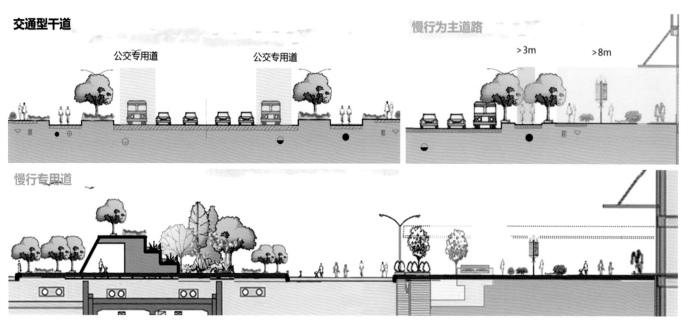

图9 不同类型的断面布局

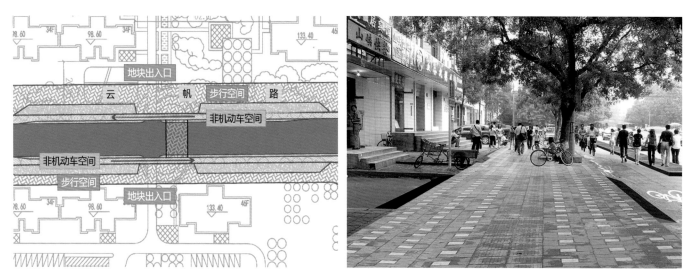

图10 地块进出口无障碍设计示范

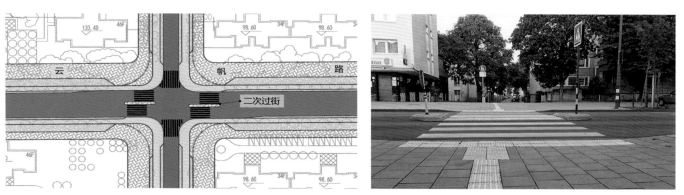

图11 路口二次过街设计示例

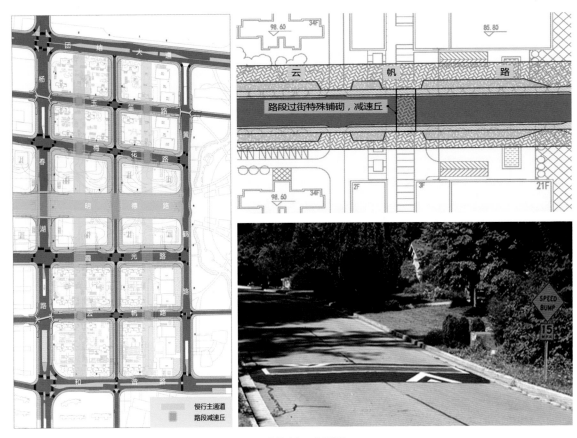

图12　路段过街无障碍设计

空间上有重叠的地方，本着"以人为本"、"慢行优先"的原则，分别对地块进出口、路段人行过街、路口人行过街等方面进行了无障碍设计。

（1）地块进出口无障碍设计

普通地块出入口，往往以车行顺畅为目的，人为中断人行道，降低路面高度。在地块车行进出口处人行横道均采取机动车道"抬高"，慢行道"平铺"的处理方式，启动区共设置24处无障碍进出口（图10）。

（2）路口二次过街设计

路口人行横道是保证行人安全的重要设施，距离过长，或绿灯信号时间过短，都给行人过街造成了更多不安全因素。为提升行人过街安全性和扩大过街驻足空间，规划提出在大于双向4车道的过街处均应设置二次人行过街的安全岛，将人行过街分解为两次，并设计有与车流方向相向的行人二次过街驻足区，方便行人观察对向来车，提高过街安全性。启动区人行二次过街路口共计13处（图11）。

（3）路段过街无障碍设计

为保证步行的连续性，在慢行主通道跨越支路处采取局部路面抬高，或视觉抬高的方式，并设置相应的减速标识，保障区内交通的稳静化。启动区共设置7处无障碍路段过街减速丘（图12）。

4.3.3　站点港湾式设计

公交站点、出租车上下客点、社会车辆临时落客点，均为车流、人流交汇转换的地方，所需交通空间较大，为避免造成交通瓶颈，对此类交通设施处考虑局部红线拓宽和人行空间加宽（图13）。

4.3.4　路口缩窄设计

在不影响交通型道路通行能力的基础上，对支路及慢行为主的道路路口采取缩窄设计的方式，原则上在主要的进出启动区的道口采取较大半径设计（20~30米），对于启动区内部道口采取小半径设计（8~10米），提升车辆转弯处人行过街安全性（图14）。

4.3.5　地下空间统筹设计

在落实上位立体交通规划的基础上，充分协调地下停车、地下商业、地下环路、轨道交通、地下管线等多类地下构筑物的平面、竖向关系，使地下空间在最大程度上得到集约有效的利用。其中地下空间采取地块内满铺的建设方式，地下一层在道路红线空间内局部退让，与管线的布局、高程相协调，地下环路利用地块内柱网间的空间设置，既可实现整体建设，又与地下车库无缝衔接，提高地下停车库的利用率（图15）。

5　小结

城市长远、高效、可持续的发展离不开交通的"人性化"和"集约化"，而资源高度集中的重点功能区，正是大力发展集约化交通的合适区域。在武汉市重点功能区的规划过程中，一直坚持交通与用地同步规划，相互促进的方式，通过集约功能、集约空间、优化尺度等策略，打造出赋予慢行交通充分优先权的集约化交通系统。然而，规划与设计"一体化"的工作能否得到实施的认可，其全新的理念和方案如何在建设过程中合理、有效的落实，交通的主体"人"与"车"，有如何在运行过程中同时享有"公平"和"效率"双重效益，都是未来需要长期探索的方向。

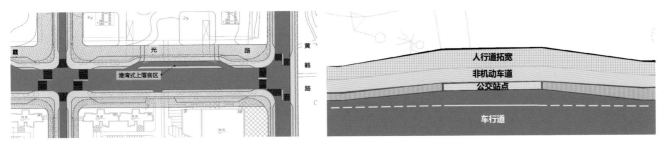

图13 港湾式站点设计示例

图14 路口缩窄设计示例

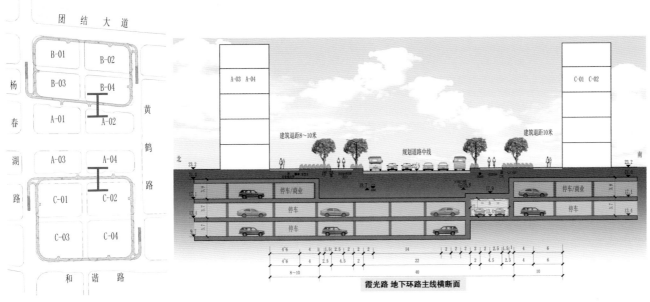

图15 商务区地下空间集约利用示意图

现代服务业型重点功能区——探索实践

二七沿江商务核心区实施规划
Erqi Waterfront CBD Implementation Planning

1 规划背景

二七沿江商务区位于长江二桥至二七桥之间，是武汉市"两江四岸"的重要组成部分，是近期建设的七大重点功能区之一，与武昌滨江商务区、青山滨江商务区隔江相望（图1）。

为深入贯彻落实党的十八大精神，全力推进"国家中心城市"建设，武汉市明确了"以功能区为抓手，以三旧用地为平台，实施国家中心城市战略"的工作方针。作为城市重点功能区之一，二七沿江商务区经市政府审议明确以"建设新江岸、复兴老汉口"为目标，形成由历史之城向现代之城再向未来之城逐渐演变的特色时空风景线。2013年5月，市国土资源和规划局采取"本地+国际"的形式，以武汉市土地利用和城市空间规划研究中心（以下简称"市地空中心"）为工作平台，邀请SOM、AECOM、日建设计、CBRE等国际顶级机构组成设计营，完成了《二七商务核心区实施性规划》编制工作；2014年3月，以实施规划为基础，"市地空中心"进一步联合中信建筑设计研究总院共同编制了《二七商务核心区修建详细规划》。

二七沿江商务区核心区规划范围北至建设渠路，南至头道街，东至沿江大道，西至解放大道，总用地面积约83.6公顷。用地现状以工业仓储、居住和铁路用地为主，是全市二环线内临江一线可供集中开发、整体打造的稀缺土地资源。

2 规划定位

2.1 规划定位

规划在发展商务主导功能区的基础上，提出将二七商务核心区建设为聚集国际企业总部、地区企业总部，提供国际化高端商业及文化休闲功能，打造一个功能混合、公交导向、适宜步行、低碳可持续的国际总部商务区。

图1　商务区鸟瞰

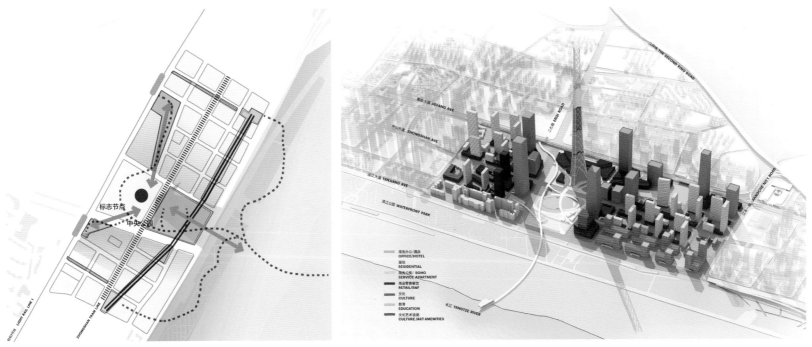

图2　结构图

图3　业态立体构成图

3 规划内容

3.1 产业与空间立体复合，打造高端活跃的综合功能区

规划构建立体"Y"形绿轴及中央公园规划空间结构，通过人行"树桥"有机联系轨道站点和江滩公园，在轨道站点周边进行高密度、高混合度用地布局，建设武汉新的标志景观；延伸中山大道，打造一条贯穿汉口悠然畅行的商业动脉，汇聚商铺、文化场所和其他便民设施，提升区域活力（图2）。

同时，通过将核心区承接的主导功能分解为具有关联和促进效应的业态体系，进行总量预测、规模配比、空间落位，并在规划策划过程中增加招商互动环节，对接市场需求，优化深化规划布局、方案设计，保障规划经济可行和项目落地（图3）。

3.2 延续历史记忆，创建一条历史文化走廊

重视历史文化资源的保护和利用，以现代文化景观的表现形式解读基地的历史脉络，通过保护的手段打造地域的文化特质并促进街区的发展。规划结合现状铁轨、转车盘、老火车站、林祥谦烈士雕像等历史遗存或保护建筑，沿保留铁路集中布置林祥谦纪念广场、铁路博物馆、艺术创意中心、二七户外剧场、音乐厅、SOHO艺术画廊等文化设施，打造"工人之路"历史文化长廊。

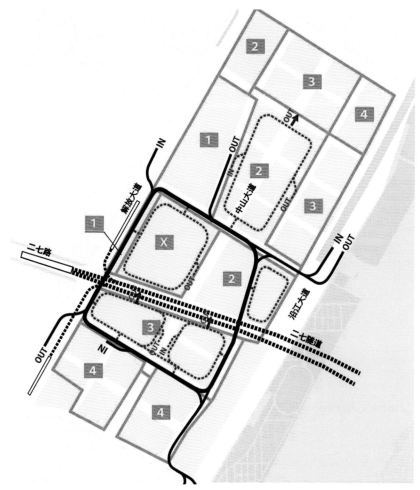

图4 地下环路

图5　公共空间效果图

3.3 倡导以人为本，公交导向、步行优先

规划引入10号轨道快线，联合轻轨1号线承担核心区46%的交通流量；增加多条公交线路、循环巴士线路、有轨电车线路等，承担核心区20%的交通流量，降低对私人小汽车的依赖。建设地下交通环路，减少地面交通流量，缓解中山大道的人车干扰，引导车辆快速进入地下停车场库；采取"密路网、小街坊"，建立了人车分离的交通形式，步行网络串联公共开敞空间（图4～图6）。

同时，借鉴纽约、波特兰等城市街道景观设计的成功案例，结合街道功能，设计了商业零售型、混合型、住宅型等3种街道断面标准，形成了各具特色的绿色生态街道景观。

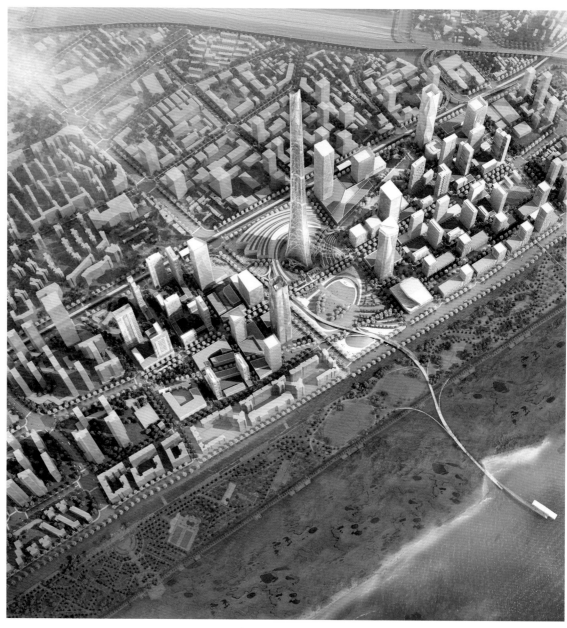

图6　密路网、小街坊效果图

3.4　地下空间、市政管网一体化设计，提升区域市政设施建设品质

开展地下空间、市政管网的一体化设计，以中央公园和707商务塔楼为核心的商业服务业用地作为地下空间利用的集中区域，进行核心区三层地下空间的整体规划，提供交通换乘、商业休闲活动、集中停车、综合管廊等整体性配置（图7）。深化设计地下环路线型、环路断面、出入口设计，紧密联系核心区公建地块，截流解放大道和沿江大道进入基地的车流；综合协调二七路下过江隧道、地铁10号快线、地下环路、市政管网的垂直布局，统筹设计轨道站厅与周边商业的步行衔接；中山大道下设CCBOX共同沟，在保障中山大道地下商业街的连续性和舒适性的基础上，提升区域市政设施建设品质。

3.5　挖掘滨江特色，建设武汉新门户

结合滨江空间特色及街道界面塑造，合理布局标志建筑和高层建筑组群，以人行"树桥"有机联系轨道站点、中央公园和汉口江滩，环绕中央公园，建设707塔楼、立体音乐厅、树桥，形成武汉新的标志景观。

4　规划特色

该项目作为武汉首个完成了"实施规划"到"修建性详细规划"到"实施建设"的重点功能区示范项目，在编制过程中，一改传统规划"规划方案与市场需求背离、形态设计与市政建设脱离、地上设计与地下空间分离"的现象，提出了地上地下"一体化设计、一体化建设"的"二七模式"。

4.1　形成了"市区联动、多专业协作"的一体化工作模式。

为实现二七重点功能区的地上地下"一体化设计、一体化建设"的目标，在修规编制中，采取"区政府+市规划局"、"本地+国际"、"规划+建筑+交通+市政"的多机构、多专业协作的一体化工作模式。市国土资源和规划局联合江岸区政府共同推进规划编制和建设实施，各专业设计机构成立工作营，作为跨地域、多专业、多专项的协作平台，及时解决各项设计过程中的交叉衔接问题，有效提高项目多专业协同的工作实效。

4.2　完成"地上地下、多专项综合"的一体化设计内容

通过修规设计将功能业态、交通市政、建筑景观、地下空间各专项内容全面衔接，以"业态策划、空间落位"一体化设计保障功能落实，以"建筑景观、地下空间、交通市政"一体化设计打造区域品质。完成修规的总平面、底层平面、标准层平面和地下空间平面等"四平面"建筑概念方案，从方案层面提前解决各专项之间的交叉问题。充分利用互联网+、江水源热泵等先进理念和技术，奠定绿色、智慧之城的建设基础。通过搭建三维数字实施管控平台，实现了各专项设计的相互校核、虚拟实现的直观展示，为后续规划管理、建筑设计与审批、建设实施等提供了完整的"一张图"成果。

4.3　明确"连片开发、整体建设"的地上地下一体化建设模式

以连片开发的方式，探索地下空间连片开发、市政设施统一建设的模式，以节约时间和建设成本。通过政府统筹、委托代建和组织市场主体联合共建的方式，提高地下空间统一建设和集约利用水平，推进市政基础设施一体化建设和配套。

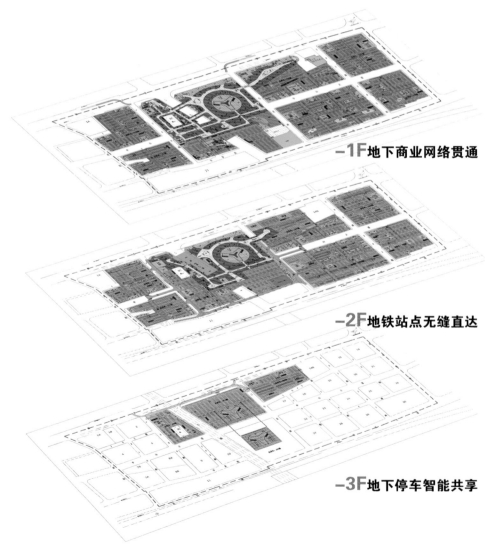

−1F地下商业网络贯通

−2F地铁站点无缝直达

−3F地下停车智能共享

图7　地下空间

4.4　制定"明确业主、定制设计"的高效统一实施方式

为确保规划有效实施，二七商务核心区遵循"统一规划、统一土地储备、统一设计、统一组织建设、统一使用资金"的"五统一"原则。在设计过程中，把握好土地推介与招商引资的介入时机，寻找潜在开发业主，并联合武汉市工业设计产业联盟，建立"2+N+X"综合设计组织机构，实现针对性定制式的设计统筹与整合工作。

5　规划实施

《二七沿江商务核心区实施规划》、《二七沿江商务核心区修建性详细规划》等规划编制成果经市政府及市规划主管部门正式批复后，项目凭借高标准的设计方案、主动作为的工作创新，二七沿江商务核心区招商推进迅速，获得了新世界、招商局、瑞安、越秀、华润、复地，以及中投、中信、康泰等近二十余家具有实力的投资企业的关注。2015年7月，二七商务核心区12、13号地块（707标志建筑地块与中央公园地块）公开出让，拟于5年内建设完成。目前，区域内基础设施及地下空间投资建设项目已启动建设，标志着二七沿江商务区正式进入了建设实施阶段。

现代服务业型重点功能区 —— 探索实践

武昌滨江商务区核心区实施性城市设计
Wuchang Waterfront Core Business District Implementation Urban Design

1 规划背景

武昌滨江商务区是武汉"两江四岸"的核心组成部分，是《武汉2049远景战略规划》确定的江南主中心的核心区域，是中央活动区内仅存的具有集中开发用地的两个城市中心之一，也是武昌区"三区融合，两翼展飞"发展战略的核心引擎。

2013年6月，市政府正式批复《武昌沿江地区实施性规划》，重点明确了武昌滨江商务区作为市级层面商务区的发展定位，并提出开展商务核心区深化设计。按照市领导"突破性地发展武昌滨江文化商务区"的指示精神，武汉市国土资源和规划局与武昌区委、区政府紧密联动，于2014年2月启动了武昌滨江商务区核心区实施性城市设计的规划编制工作。规划研究范围为友谊大道、武车路、四美塘路、才华街、武昌滨江所围合区域，用地面积约419.04公顷；核心设计范围为和平大道、徐东大街、武车二路、武昌滨江所围合区域，用地面积约138.64公顷（图1、图2）。

2 规划内容

2.1 功能先导，固化主题定位

规划从宏观背景、区域价值和内在条件等方面入手，通过研究武汉市七大市级重点功能区的功能竞合关系，锁定区域整体发展主题和形象定位，提出打造以总部经济为龙头，高端商务为主导，以国际金融、信息咨询产业集群为支撑，以人文生态为基底的，代表武汉总部经济聚集最高水平，具有国际影响力的区域性总部商务首善区。规划通过细致的市场调研和产业发展态势研究，选取全球同类商务区案例，研究建设规模和功能配比关系，并依据区域所在的城市强度分区控制要求，结合市政、交通及地下空间等专项承载力研究结论，提出区域合理的建筑规模为290万~300万平方米，并明确具体功能配比、细化地上、地下功能分区和产业业态。

图2　核心区城市设计总平面

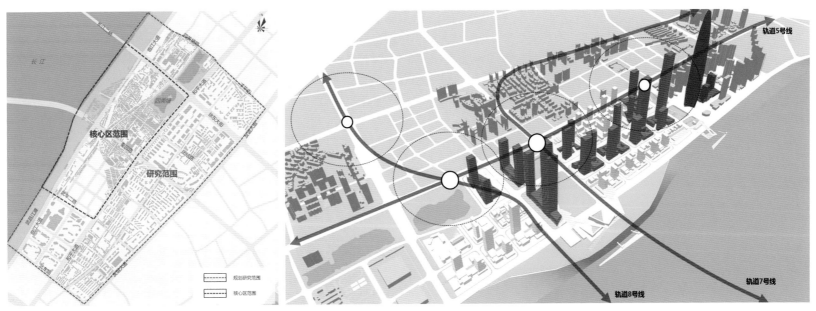

图1　规划范围

图3　交通导向下的建筑布局

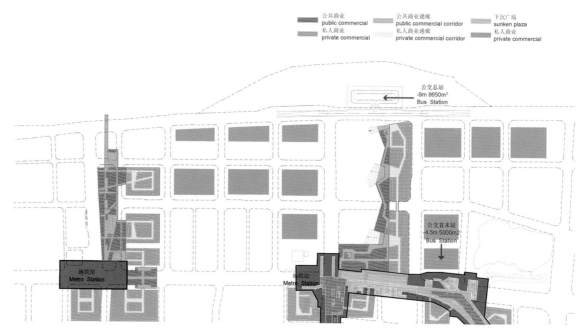

公共商业 public commercial 公共商业通廊 public commercial corridor 下沉广场 sunken plaza
私人商业 private commercial 私人商业通廊 private commercial corridor 私人商业 private commercial

公交总站 -9m 8650m² Bus Station
公交首末站 -4.5m 5000m² Bus Station
地铁站 Metro Station
地铁站 Metro Station

图4 地下空间布局

2.2 精心塑造，描绘都会形象

规划通过多轮次方案推敲和比较，在延续城市肌理和地域文化的基础上，进行了空间景观再造。规划方案围绕两条重要轴线，搭建商务核心区空间骨架，形成了20公顷的新辟公园、广场与步廊；规划共布局24栋100米以上超高层建筑，9栋200米以上的超高层建筑；位于中央公园北侧的新地标塔楼，建筑高度为450米，与绿地636塔遥相呼应。规划还打造了总长约3.4公里的"城市传导立体步廊"；在月亮湾区域形成由生态景观、文化地标、市政设施组成的，内设27个花园代表27个长江论坛会员城市的长江文化论坛馆，打造武汉新文化地标。

2.3 延续历史，彰显文化内涵

结合现状工业文脉资源，打造活跃而富于底蕴的文化空间体系，通过文化纽带和城市传导系统将长江之眼、工业博物馆、城市村落、保留工业遗产、基督教堂、文化创意工坊等文化节点串联起来。对于工业遗产建筑，结合城市客厅及主要绿化空间，保留不同特色的代表性工业建筑，采取建筑改造、功能激活等方式，重新焕发历史建筑活力。对于现状铁路建议予以保留，形成极具人文特色的文化纽带，将城市更新与历史记忆相结合，避免剧烈的空间、社会或特性的断层现象。保留现有的部分小肌理街区，打造"城市村落"，塑造一个与商务区完全不同尺度、延续原有城市肌理特征与形态的文化"世外桃源"。位于秦园路西侧的基督教堂（已规划审批），建议调整位置和建筑风格，将其布局于四美塘西南角，凸显教堂仪式感和体现其特殊身份，以现代建筑风格塑造出城市与自然之间的静心之所。

2.4 上通下达，构筑便捷交通

通过明确道路功能和加大路网密度进行道路系统优化。优化后核心区路网密度由5.1公里/平方公里增至8.5公里/平方公里，形成三级道路衔接、三线轨道交织、立体步行覆盖的多元道路交通体系。将公交枢纽站与轨道站点、月亮湾配合布置，由原有的两处调整为三处，总用地规模维持不变。经过相关优化调整后区内交通服务水平处在合理范围内。

2.5　低碳为纲，建立高效市政

规划对给水、污水、雨水、电力、供热、燃气等专项进行了研究和承载力分析，现状市政设施无须另行扩容，足够承载规划的滨江核心区建设规模。

2.6　多维立体，勾勒地下空间

结合现状研究、案例分析以及地上开发强度，确定地下开发规模需求约为92.9万平方米，并细化到地下商业、地下市政、地下停车及人防等具体规模（图4）。规划明确地下空间开发整体控制为2层以内（局部3层），地下一层（-9米）主要是以公共交通及公共空间为导向的地下商业开发，结合地面两条绿化轴线及轨道5、7、8号线站点开发地下公共商业，围绕地下公共商业布局主要私人商业。地下二层（-13.5米）主要为交通及停车空间。此外，规划还重点明确了本阶段三个核心问题。其一，为减少地面交通，强化城市客厅与月亮湾的慢行联系，建议临江大道在秦园路至徐家棚路段进行下穿。其二，为释放地面交通空间，倡导公共交通及慢行交通，规划建议增设地下环路。通过多方案比选，确定了逆时针单向通行地下小环线的位置及布局方式。其三，为加强与汉口联系，减少对地面交通干扰，提出地下环路与过江隧道出入口匝道衔接方案，保证过江交通与滨江商务区的便捷联系。

2.7　面向实施，明确行动纲领

行动纲领包括两个方面。其一是成果的法定化——规划编制完成并报市规委会通过后，将通过控规导则优化实现成果的法定化。其二是规划的进一步精雕细琢——规划法定化完成后，进一步编制深化设计方案，完善景观设计方案，完成交通、市政、地下空间等专项的深化设计工作，明确各专项的详细设计内容，形成工程设计蓝图和城市设计导则。其三是制定工程概算及资金平衡方案——同步房屋征收、土地整理、招商推介等规划实施的前置性工作。

3　规划特色

3.1　以全程、一体化思维，创新武汉重点功能区实施性规划实践模式

第一，延续原有市区联动、"1+N"设计联盟的工作模式，开创性地实现政府、规划主管部门、土地权属单位、设计平台单位、专项设计机构等多方全程"一体化"参与，从工作启动会、阶段成果审查及成果验收等多个关键节点，均实现广泛的多方参与，保证规划的顺利推进和后期实施可操作性。第二，对实施性规划的控制体系进行深入研判，结合本项目的实际情况，对规划控制导则进行灵活导控，严控生态框架、交通及市政设施、天际线、建筑风格、历史文脉等要素，而对地块功能等进行适度弹性控制，既保证规划实施不走样，又能实现规划实施过程中的灵活性。

3.2　立足国际视野，在多专业领域实现全方位、深层次介入

规划启动之初便实现了多个专项规划的深度介入，邀请法国夏邦杰、德国欧博迈亚、上海市政院、上海市规划院等国内外一流设计机构，组成高水准的联合设计团队，从对接法定规划、交通及市政设施容量、地下空间开发可行性等多个方面切实保证了规划方案的合理性和可操作性，在不同的设计阶段均同步开展城市设计方案及功能策划、市政、交通、地下空间等支撑性专项研究。

方案一：杨园节点作为第三极，波峰高度450米

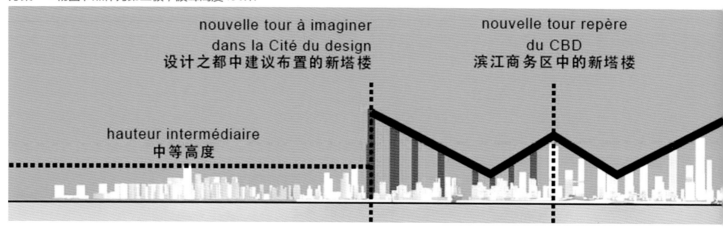

方案二：热电厂节点作为第三极，波峰高度450米

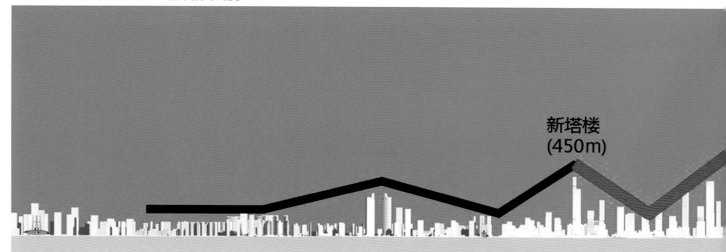

绿地项目
已审批，在建
无法变动

华电项目
交通职业学院项目
近期都将建设
方案尚未审批
可以提想法

积玉桥片区
已经建设成熟的居住区
无法变动

武昌古城
高度严控区
无法变动

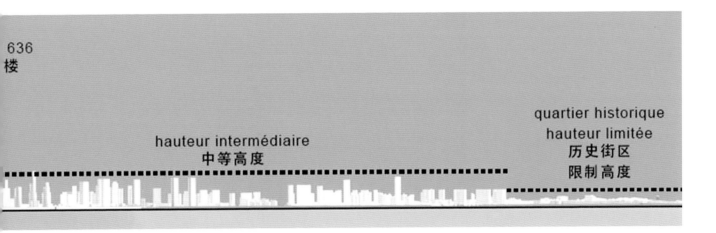

636
楼

quartier historique
hauteur limitée
历史街区
限制高度

hauteur intermédiaire
中等高度

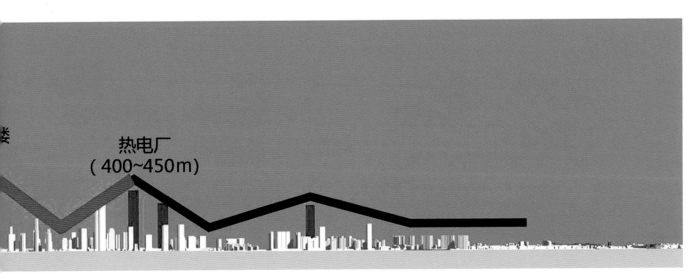

楼

热电厂
（400~450m）

图5　"W"形滨江天际线

091

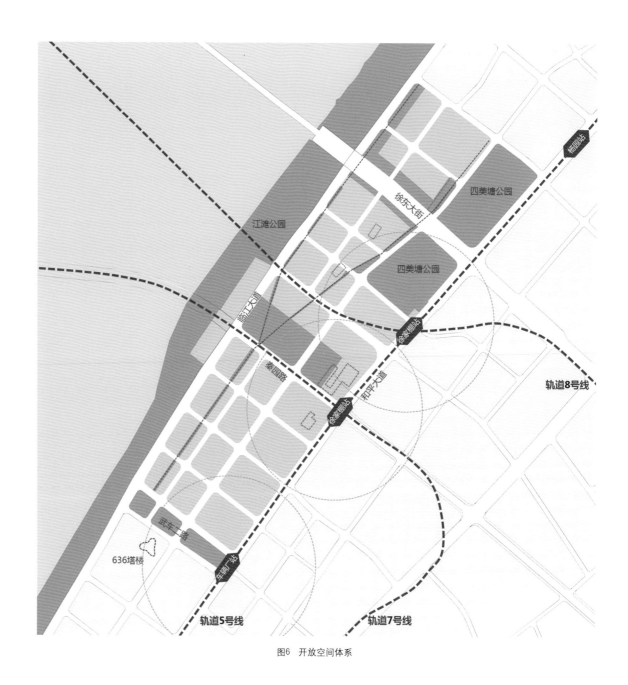

轨道8号线

轨道5号线

轨道7号线

图6　开放空间体系

3.3　遵循城市经营的理念，深入推敲长江南岸城市天际线

　　城市天际线具有直观的人文特点、审美特点、标识特点和造型特点。武汉"两江四岸"具备形成优美天际线的条件，其中以武昌滨江（鹦鹉洲大桥—二七大桥）区段为核心的长江南岸，是城市中央活动区内存量用地分布最集中、最能体现武汉江城特色的区域。规划重点研究了长江南岸整体天际线的塑造，通过打造"W.com"的天际线（图5），传达武汉明日的价值与雄心，展示充满活力、国际化、积极面向创造与革新的形象。针对武昌滨江商务区段如何构筑"W"形天际线的议题，规划研究了全球类似案例，在分析"W"形天际线、"W"形塔楼及建筑材质强化等多种可能方式实施效果后，最终建议形成跌宕起伏的"W"形天际线，并通过夜景灯光设计或建筑屋顶材质及色彩予以强化。

3.4　一体化核心商务区交通体系建构

规划区交通区位优势得天独厚，紧邻过江隧道及长江二桥，周边轨道交通线网密布，可便捷到达机场、火车站等战略性对外交通设施；作为江南片区现代服务业发展轴的中心位置，将成为引领长江南岸城市发展的中枢和引擎；同时，除和平大道、临江大道等主要城市干道外，区内道路基本处于未建设状态。基于以上特点，应当而且必然将建成以公共交通为主体，能够提供多元服务、一体运营、人性化的新型城镇综合交通体系。规划重点从过境交通与内部交通组织、规划路网优化、地上地下交通互联、商务区与长江隧道的互联、慢行交通体系、交通枢纽设施设计、信息引导等方面进行了重点研究，构建了快速便捷、安全可靠、环境友好的综合交通体系。

3.5　多维度的城市空间特色规划体系建构

目前我国城市发展已体现出特色丧失和趋同的倾向，"千城一面"现象严重。如何充分认识和利用城市独特的自然、历史、文化资源、挖掘和提炼出城市空间特色，是本次规划的一个重要课题。通过充分挖掘区域滨江、铁路走廊及紧邻大型公园的特点，规划方案提供一个绿色商务区框架，打造垂江、顺江绿色网络，以开放空间体系，最大限度地创立轨道站点、江滩公园、四美塘公园、绿地636塔楼及月亮湾等重点区域的联系，以一套核心城市传导系统，建立高、中、低多维度立体步行网络，以立体式连续步廊无缝衔接整个区域。

4　规划实施

为全面推进规划实施，由市政府批准，目前武昌区已成立武昌滨江文化商务区管委会，全面主导商务区规划实施工作，大力推进土地整理、房屋征收、招商引资、资金筹措等工作。

作为重要的技术支撑单位，受管委会委托，目前项目组已完成商务核心区招商手册制作、武昌滨江文化商务区"十三五"规划、前置性的土地经济测算等工作，正在开展区内涉及的相关地块、既定项目的规划论证工作。

图7 保留铁轨沿线

图8 城市传导系统

图9　整体鸟瞰风格（石材为主）

现代服务业型重点功能区——探索实践

武汉华中金融城规划方案设计

Wuhan Central China Financial City Planning and Design

1 规划背景

武汉华中金融城位于沙湖南岸区域，是武昌区"二区融合，两翼展飞"空间战略格局确定的三大核心发展区域之一。为加快推进国家中心城市和国际化大都市建设，打造核心功能战略承接平台，立足国际视野，分步骤、高水准推进华中金融城实施性规划编制，特邀请国际知名设计机构美国SOM公司开展核心片规划方案设计。规划范围为东至水果湖，南至民主路、洪山路，西至中山路，北至沙湖环湖路、楚汉路区域，研究范围用地面积约为457.8公顷，重点设计范围用地面积约为157.7公顷（图1）。

2 规划内容

规划区域位于洪山广场与武昌古城之间，现状以居住用地、商业服务业用地及已拆迁的空用地为主；临洪山广场、汉街、中山路主要为公共服务功能，其中水果湖片区为省级政务文化区。区域内权属较为复杂，需进一步理清发展重心与开发时序，大型地权单位主要有武汉万达东湖置业有限公司、武汉地产开发投资集团有限公司、武汉尚文房地产开发公司、省体育局、省广播电视局、省高级人民法院等。以形成集中、完整的功能拓展空间为目标，结合武昌区"三旧"改造规划，最终确定核心区可开发用地面积约为70.7公顷。

2.1 明确宏观定位，细化功能业态配比

规划从宏观视角出发，深入剖析市、区宏观发展战略，以全市金融产业空间布局规划为依据，重点研究武汉金融产业发展现状及未来的发展重心，提出华中金融城应承担起武汉市金融总部聚集中心和华中金融监管决策中心的历史责任和发展主题。

以整体发展定位为指导，通过剖析伦敦金融城、韩国宋钟新城等金融中心案例，结合区域当前开发建设

实际情况，规划合理制定了华中金融城功能构成，提出了商务、商业、居住、文化娱乐等不同功能的业态配比关系，在此基础上开展产业体系研究和项目产品策划，为后期具体空间规划布局提供功能支撑和先导。

根据《武汉2049远景发展战略》安排，将通过打造"金融中心、贸易中心、创新中心、高端制造中心"等四个中心，推进武汉国家中心城市建设。在此背景下，全面吹响了打造中部金融中心的号角。当前武汉金融产业聚集度低，空间上、政策上均无明确的金融发展核心，无法有效发挥辐射中部地区的战略功能。为顺应武汉区域金融中心的建设需求，依托中南中北路产业基础拓展腹地，打造华中金融总部集聚中心，华中金融监管决策中心，形成服务"1+8"城市圈，辐射中部地区，具有全国影响力的华中金融城，打造以金融功能为核心，集商务办公、文化体验、市民休闲、高端居住功能为一体的中部区域金融汇集高地，国际化大都市的新兴地标区域和多元复合、环境优美的城市活力中心。

2.2 构建空间景观体系，塑造整体空间形象

具有得天独厚的景观资源优势，如何依托沙湖、小龟山、洪山广场等城市核心景观，塑造具有独特性和标识性的城市景观形象，是本次规划设计的核心重点。规划通过对区位、资源以及现状综合分析，提出了以中央公园为景观核心，以核心金融区为功能核心，以"一条核心历史轴线，三条景观廊道，九大功能分区"为空间骨架的金融商务核心区（图2）。

中央公园区——保留上位规划控制的集中绿化，基于现有小龟山山体进行景观打造，形成华中金融城的城市意向中心。

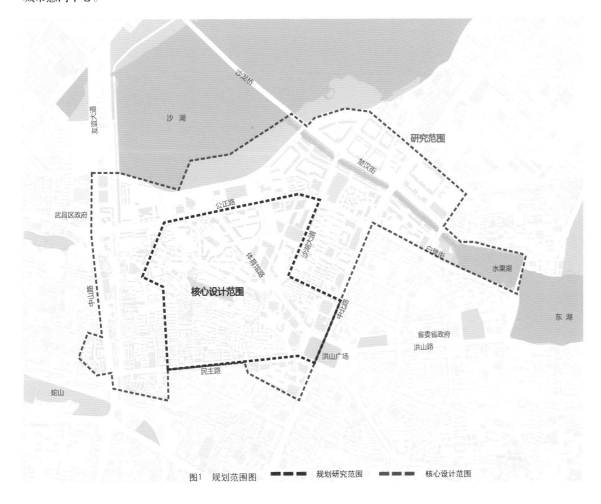

图1　规划范围图　▬ ▬ ▬　规划研究范围　▪ ▪ ▪ ▪　核心设计范围

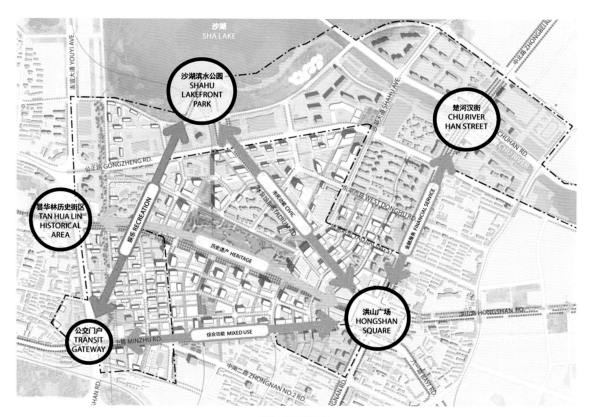

图2 功能分区图

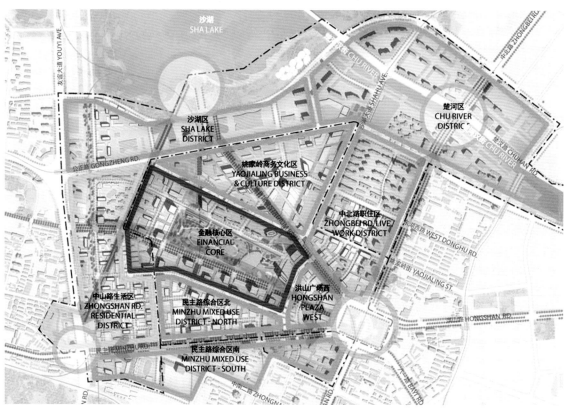

图3 规划结构图

核心金融区——围绕中央功能区，集中布局金融商务功能，以城市最稀缺的生态景观资源，引领金融产业高度聚集，形成最具标识性的金融中心景观形象。

核心历史轴线——延续1954年总体规划中确定的贯穿武汉三镇的城市历史轴线，通过华中金融城的建设，形成由洪山广场至武汉古城昙华林历史文化街区的人文、景观轴线，延续城市文脉的同时也提升了区域文化品位。

三条景观廊道——打造体育馆路、民主路及天际线步廊等三条特色景观廊道，并以三条廊道限定华中金融城的功能核心位置。

九大功能分区——形成金融核心区、姚家岭商务文化区、中北路职住区、沙湖政务区、楚河汉街商业区、中山路生活区、民主路综合区南北片、洪山广场西区等九大功能片区，共同打造功能复合、具有24小时活力的城市功能片区（图3）。

2.3 以公交优先为导向，构建综合交通体系

规划提出，华中金融城应建成高效、畅达、绿色、公平、集约、便捷的综合交通体系，实现地区交通与土地使用、环境、城市社会经济协调发展，有效地支撑区域良性发展。在进一步梳理区域路网，加大路网密度的基础上，借鉴"地铁城市"规划理念，规划充分强调轨道交通的支撑带动作用，对轨道交通线网走向及站点布局提出了多方案比较研究，形成了5分钟可达的轨道交通站网，并围绕站点布局主要的高层建筑群。初步形成以公共交通为主，以机动车交通为辅，以高效、连续、特色化的慢行系统为重点的综合交通体系。

2.4 探索地下空间利用方式

规划通过充分利用地下空间资源，构筑集约发展、层次丰富的公共活动空间，建立高效、安全、资源综合利用的地下交通体系，创设便捷、人性化的步行网络，并围绕地铁站点建设综合地下商业设施空间。地铁二号线小龟山站、洪山广场站等新增的轨道内环线站点是华中金融城地下空间利用的重点地区。

2.5 规划实施策略

作为以社会居民、企事业单位为主的旧城片区，规划区域土地权属复杂，具有相当的改造开发强度。通过详细调查区域土地权属和拆迁规模，在对房屋征收的难易度进行初步分析判断的基础上，规划提出分期实施、土地捆绑出让、落实还建安置方案等规划要求，为华中金融城规划实施提供技术支撑和决策依据。

3 规划实施

规划编制历时6个月，成果已于2013年11月获全国性专家审查会审查通过，长江日报、湖北日报、大楚网等主流媒体曾多次报道该项规划编制。目前，武昌区已成立华中金融城管委会，重点负责区域房屋征收、土地整理及规划实施的相关工作。下阶段，在对规划进行进一步完善后，规划方案将提交武汉市规委会审批，待区域开发建设条件成熟后，可全面启动相关深化设计工作。

图4　轴线效果图

图5 总体效果图

图6 核心区效果图

图7　商业空间效果图

图8 实施时序图

中期平面图
Interim Phasing Plan

远期平面图
Longterm Phasing Plan

图9　总体鸟瞰图

汉正街中央服务区实施性规划
Hanzheng Street Central Service District Implementation Planning

1 规划背景

长江与汉江在武汉市中心地区交汇，形成了"两江交汇、三镇鼎立"的城市格局，汉正街地区位于两江交汇处的北岸，是武汉三镇的地理中心、汉口的核心区域，与城市地标黄鹤楼、龟山、南岸嘴隔江相望。

汉正街有着五百年的悠久历史，曾是国际商贸的中心，其交易遍及全国甚至欧美与东亚、南亚各国，被誉为"天下第一街"。而当代的汉正街是全国闻名的小商品市场，近年来受到现代化商业模式的冲击，正逐渐衰落。

旧城更新现在是各大城市的热点，汉正街地区是武汉市旧城改造更新的重点。从20世纪90年代开始，武汉政府便开始探索汉正街地区的改造方式，但因用地局促、建筑密集、利益链冗长等因素，使得改造难度很大，未有很明显的效果。近年来城市不断发展，商业模式也不断变化，汉正街地区的现状已跟不上武汉迈向"国家中心城市"的发展步伐，且安全隐患突出。因此武汉市政府要求"痛下决心，依法整治，整体搬迁，全面改造，转型升级，限时完成"，推进汉正街地区旧城更新，并邀请国内外知名机构共同以"可实施"为目标进行研究策划，其中SOM公司编制了城市设计方案，给汉正街的"浴火重生"带来了新的机遇。

2 规划内容

2.1 汉正街地区的传统文化和遗存

2.1.1 明清时期的商业重镇

明嘉靖年间，四坊居民连成一线，形成汉水北岸主要街市，始名"正街"；明清时期，汉正街成为长江中游乃至全国的重要港埠（图1）。至1862年汉口开埠，外国势力入华，进出口贸易剧增，武汉市场成为国际市场，汉口码头的兴起使得汉正街繁荣一时。

2.1.2　新中国成立后的小商品市场

改革开放后的80年代是汉正街的黄金时代。武汉地理位置居中，水旱码头交通便利，"四通八达，九省通衢"，于是汉正街成了全国性的物资集散地、小商品批发市场（图2）。

而现今的物流交通网络逐步发达完善，汉正街的客户群体逐渐从全国萎缩到湖北周边，下降为一个区域性市场。但是由于长久以来落后的商业业态和经营模式的束缚，加之区内各种关系错综复杂、利益链条冗长，使其变革难于开展。

2.2　现状空间形态概况

自古以来汉正街传统街区内东西走向与汉水平行的称为"街"，南北走向与汉水垂直的称为"巷"。这些沿汉正街主脊南北展开的平行小巷，呈鱼骨状结合在一起，是汉正街的血管和纽带。目前这些垂江肌理仍存，但建筑破旧，保留价值不高，仅有的几处历史遗存也缺乏应有的修缮与保护。

以现代商业的标准，汉正街存在空间上的局限。区域一边临河，另一边的狭窄街巷限制了大宗货物的出入。在商圈周边主路上，货运物流的堆积和拥堵成为这里最大的交通和消防隐患。区内建筑十分密集，老旧建筑较多，主要为2～3层的低矮房屋，以前店后厂、上宅下店的形式为主，握手楼随处可见。部分90年代以来的危旧房改造项目多为底下几层为商铺，上为小高层或高层塔楼住宅的形式，属插花式改造。以今天的视角看来，其未能改善汉正街地区的面貌，反而成为再次改造的难点。

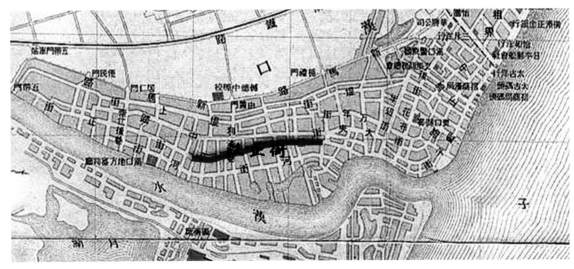

图1　老地图中的汉正街

图2　如今的汉正街

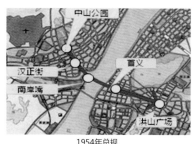

1954年总规　　　　　　　　　　1959年总规　　　　　　　　　　1988年总规

图3　武汉市历届总规中的城市轴线

2.3　现状交通

汉正街区内现状道路主要为垂江和顺江方向设置，呈不规则的网状分布。区内现状路网密度6.6公里/平方公里，其中支路网密度4.5公里/平方公里，仅为规范值的一半；现状路网布局顺江方向的支路多为断头路，交通不畅；纵向交通集中于武胜路、友谊路等干道，高峰时段交通压力大；区内道路等级普遍较低，缺少大容量快速过境通道。

公共交通方面该地区缺乏轨道线路的支撑，区内停车设施缺乏，违章停车现象较为严重，且人力车、三轮车、电动车混杂，交通秩序混乱。

2.4　汉正街地区的转型思考与定位

2.4.1　区域更新转型的思考

产业转型升级方面将现代、创新和平稳并重，摈弃现有的作坊小门面、批发市场等落后业态；取而代之的将是以金融产业和高端商业服务业为主，同时配合发展文化休闲和旅游产业，并带动电子商务与配套物流、总部经济、信息及科技服务业以及公共服务和零售业等。

2.4.2　功能定位

汉正街是传统内陆商贸中心，并有着吸引外地游客的魅力，其本质是商贸、金融和旅游。在实施性规划中对这些本质进行了传承，以发展双"T"——商贸、金融（Trading）和旅游、文化（Tourism）为战略，推动区域的更新转型。

2.5　城市设计策略与实施探索

2.5.1　总体构思

（1）延续总规中轴线

武汉市历届总体规划中，都明确提出过武汉城市轴线的概念（图3）。新中国成立后，武汉市第一版总体规划（1954年由苏联专家编制）构架了武汉城市中轴，由北往南串联起汉口火车站—西北湖—中山公园—武汉展览馆—南岸嘴—首义广场—洪山广场，基本上是南北向经由两江交汇处穿越城市中心。"1959年总规"城市版图扩张，中轴线保持中山公园—南岸嘴，南岸嘴—洪山广场段轴线弱化。"1988年总规"中山公园—汉正街段中轴线再次被强调。我们规划构思了一条"人"字形的南北绿化轴线，北接中山公园—武汉展览馆，南抵长江、汉江，环视南岸嘴。通过此"人"字形绿轴，延续总规中的城市中轴线，串联重要的城市节点，在回应历史文脉的同时，也界定出两江交汇处的"城市岛屿"，使之成为规划区内乃至整个武汉市的金融岛，并与对岸南岸嘴遥相呼应（图4、图5）。

（2）功能分区结构

汉正街用地分为"一轴一带三区"：

"一轴"为"人"字形中央绿轴；

"一带"为中山大道沿线商业商务带；

"三区"分别为金融核心区、传统风貌区以及北部生活区。

（3）保障公益，提升环境品质

高容量高强度的开发离不开公共设施和基础设施的支撑。规划优先确保了社会事业和基础设施的配置。结合上位专项规划，对"五线"、中小学、医疗、福利和市政基础设施等进行了落实，并结合新的用地布局方案进行了优化，保障了设施的规模和服务半径，从根本和基础上改善该地区人居环境的品质。

2.5.2 建筑与空间形态

（1）建筑高度与天际线

规划在"人"字形绿轴的中心交汇处布局整个区域的中心塔楼，两处临江节点布局标志性塔楼，其余超高层建筑主要在金融岛地区和"人"字形绿轴沿线布局，沿轴线和沿江均可形成优美的天际线。

以现状泰和广场及规划三处地标塔楼形成四个制高点，俯瞰两江四岸，并结合历史遗存从制高点往南打通三条视线通廊：民权路-南岸嘴、铜人像-晴川桥、淮盐巷-龟山电视塔，使规划区与汉江对岸的南岸嘴、龟山形成呼应。

（2）开放空间

在如此高强度、高密度的开发规模下，规划方案还设计了大量的开放空间以保障优良的环境品质。用"人"字形绿轴串起中山公园、规划流通巷公园和龙王庙公园几处城市重要的开放空间节点；沿江建设江滩公园提供生态休闲亲水空间；沿主次干道设置公共绿带增加城市开敞面，提升城市形象；同时，结合各居住区游园为市民和游客提供更多更可达的开放游憩休闲空间。

（3）建筑风格与色彩

建筑形态以现代建筑为主，风格形式宜简洁明快；建筑色彩宜以灰色、米色、白色等为主，结合历史建筑局部可增加灰黑、浅褐色调，避免出现过于明亮和跳跃的色彩。

2.5.3 交通组织

（1）道路交通系统

规划提出提升区域道路等级，构建"T"形快速进出通道，可实现5分钟上快速、20分钟抵达主要交通枢组和组团、30分钟上主城外围高速公路；区内结合现状干道形成"五横五纵"骨架道路，并对支路网进行重构；传统街区及周边设置公共通道或步行街，最大限度保留现状街巷肌理和历史。规划后路网密度达到15公里/平方公里，与芝加哥、东京CBD水平相当。

（2）轨道线网加密

根据之前的武汉市轨道线网布局，汉正街地区内原本仅规划了两条轨道线路。这两条轨道线均为东西向穿过汉正街地区，分别位于北部和中部。规划区南部传统风貌区和金融岛区作为规划人流聚集和密集区，却未设轨道线路。因此，实施性规划加密了区内轨道线路，沿"人"字形绿轴增加一条南北轨道（13号线），范围内设站两座。此外考虑到汉正街地区道路较窄、景观要求高等因素，参考广州珠江新城APM系统，建议增设L型地下捷运线路，沿区内花楼街、利济路呈L型走向设置，接2号线，范围内设站7座。

图4 城市设计总平面方案

图5 开放空间效果图

图6　历史遗存保护

2.5.4　历史保护

区内历史遗存呈散点布局，有部分值得保留或修缮可用的建筑。这些遗存大多湮没在破旧的作坊和批发市场中，没有得到有效的利用和保护，文化价值无法体现。

规划过程中对区内历史遗存进行了仔细的盘整和勘察，提出建立点、线、面多层次的保护体系，并提出历史建筑的建设控制地带内的新建建筑在高度、体量、色彩、建筑风格等方面要与历史文化风貌相协调（图6）。

点——结合实际情况，保留24处形式多样的历史建筑或构筑物。建议采用修旧如故、保护性复原等方式，引导这些历史建筑的修缮、改造，留下历史印记。

线——保留多条有历史典故的老街巷，或是将改造后的道路保留原街巷名称，延续传统街区垂江肌理，传承商业文化。

面——原本规划紫线中历史街区保护范围较为规整，但略显呆板。实施性规划中结合历史保护建筑和街巷肌理进行了微调，在保护范围内尽量恢复传统商贸区的风貌。

图7　夜景鸟瞰

图8 整体鸟瞰

现代服务业型重点功能区——探索实践

杨春湖商务区实施性规划

Yangchun Lake Business District Implementation Planning

1 规划背景

杨春湖商务区是武汉市新一轮城市总体规划确定的依托武汉站的交通枢纽型城市综合服务中心，是武汉市三大城市副中心之一。目前，武汉市拟全面启动站前启动区的规划建设活动。为高标准完成该地区规划建设工作，武汉市土地储备中心作为杨春湖商务区土地储备实施的主体，委托武汉市规划研究院开展《杨春湖商务区实施性规划》。

2 规划内容

2.1 杨春湖商务区区位及规划定位

杨春湖商务区位于武汉站西侧，地处武汉市中心城区洪山区，东临武钢工业区、西望武昌区、北接青山区、南抵风景优美的东湖生态旅游风景区。用地范围北至友谊大道、西至沙湖港、南至东湖、东至三环线，总面积6.74平方公里，是枢纽核心功能集中的区域。

自2006年以来，武汉市国土资源和规划局针对杨春湖地区展开了多轮规划及研究论证，最终提出杨春湖商务区的规划定位为："世界进入中国的重要转乘中心；中部地区的国家级综合交通枢纽和旅游集散中心；武汉市重要的现代服务功能区和绿色生态活力新区"。

2.2 杨春湖商务区实施性规划策略

2.2.1 产业提升策略：新常态下引领区域融合发展的产业体系及功能布局

（1）产业发展体系

从区域角度分析，商务区应围绕其核心优势，重点借力高铁枢纽和东湖景区，形成以"交通枢纽"和"休闲旅游"双核驱动，以商务办公、商业贸易、生态居住、展示交流为主要功能（图1），以现代物流、金融服务、专业服务、企业总部、疗养度假、康体运动、文化艺术、教育医疗等为辅助功能的复合功能体系，围绕高铁经济、智慧经济和民生经济，构建"主导产业+商务拓展+服务配套"的产业格局。

图1 杨春湖商务区地上空间业态分析

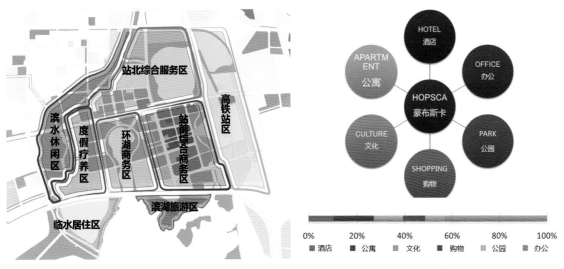

图2 杨春湖商务区功能板块布局

图3 HOPSCA模式示意图

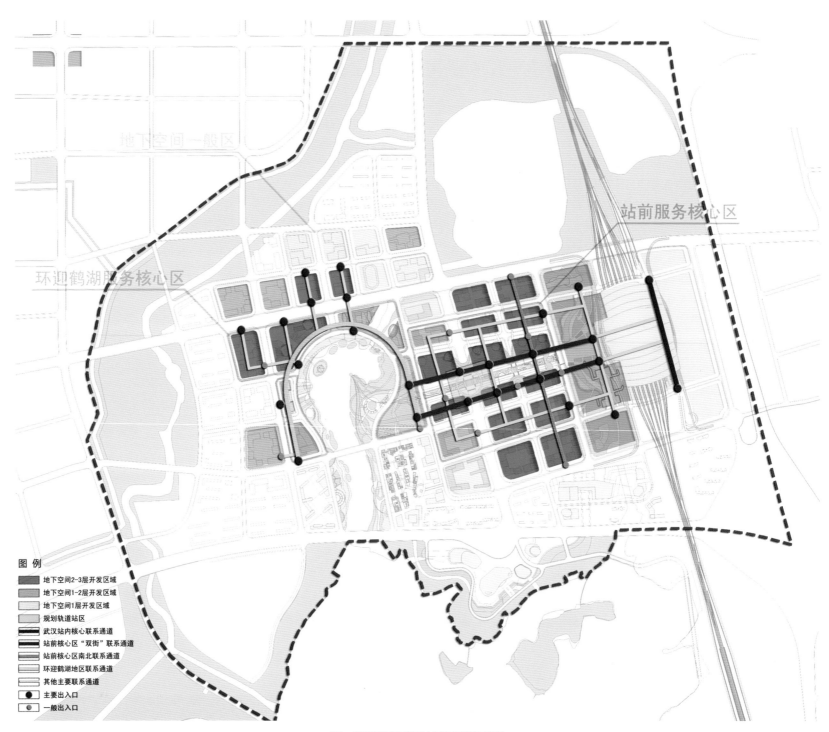

图 例

■	地下空间2-3层开发区域
■	地下空间1-2层开发区域
□	地下空间1层开发区域
□	规划轨道站区
━	武汉站内核心联系通道
━	站前核心区"双街"联系通道
━	站前核心区南北联系通道
━	环迎鹤湖地区联系通道
━	其他主要联系通道
●━	主要出入口
●━	一般出入口

图4 杨春湖商务区地下空间连接通道示意图

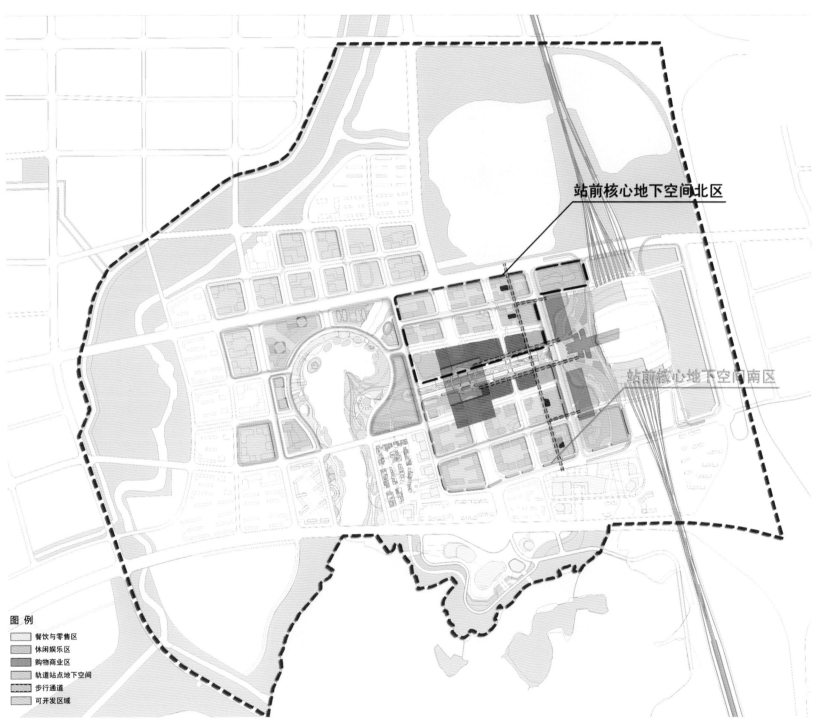

站前核心地下空间北区

站前核心地下空间南区

图 例
餐饮与零售区
休闲娱乐区
购物商业区
轨道站点地下空间
步行通道
可开发区域

图5　杨春湖商务区地下空间功能分区示意图

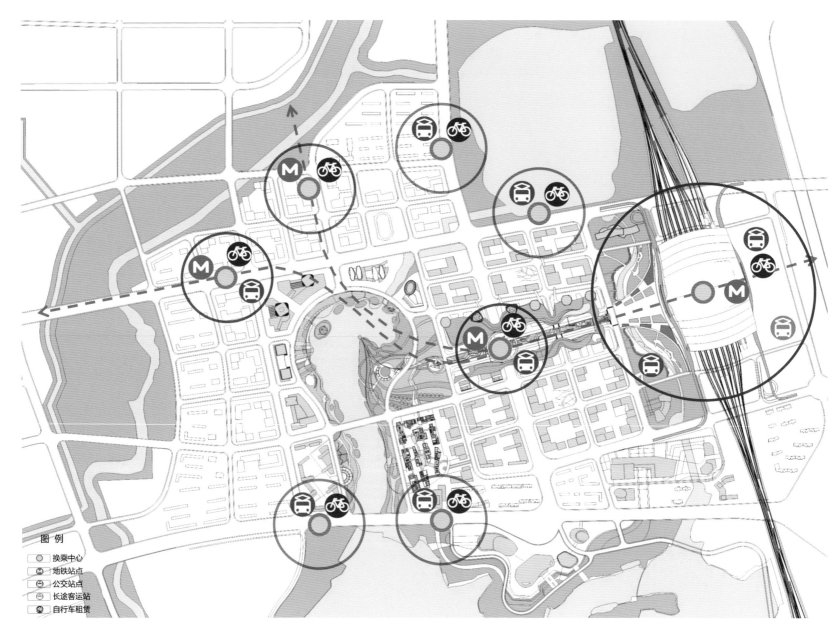

图例
- ◎ 换乘中心
- Ⓜ 地铁站点
- 🚌 公交站点
- 🚍 长途客运站
- 🚲 自行车租赁

图6　杨春湖商务区交通换乘示意图

图7　TOD交通模式换乘中心示意图

图8　杨春湖商务区绿道系统规划图

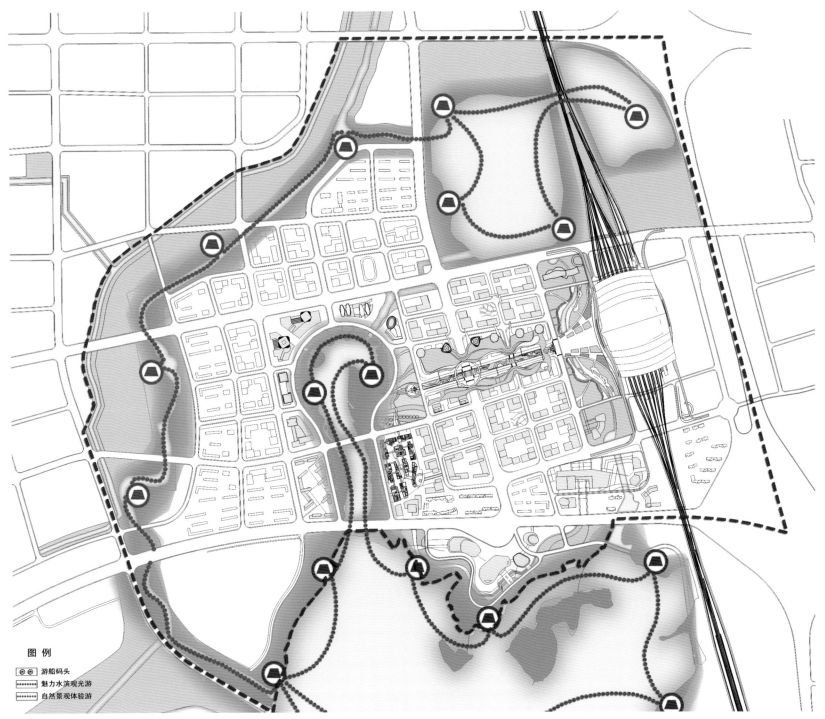

图9　杨春湖商务区蓝道系统规划图

图 例

◎◎ 游船码头
┅┅┅ 魅力水滨观光游
┅┅┅ 自然景观体验游

其中：主导产业包括旅游、物流、展贸和环保科研等产业，商务拓展以主导产业互动产生的金融、商业服务、商务服务和社会服务为主，服务配套将为东湖新城发展提供必要的创意设计、文化教育、医疗卫生和房地产等产业服务支撑。

（2）功能板块布局

根据高铁站点周边区域功能板块圈层式布局的一般规律以及周边资源禀赋，围绕武汉站将商务区划分为高铁站区、站前综合商务区、环迎鹤湖商务区、站北综合服务区、滨湖旅游区、临水居住区、度假疗养区和滨水休闲区等八大功能板块（图2）。

高铁站区板块定位为交通枢纽，重点发展交通运输业；

站前综合商务区板块定位为站前商旅门户板块，金融、信息、贸易、商业等现代服务业，吸引企业总部集聚，打造集中展示杨春湖整体城市形象的核心商务区；

环迎鹤湖商务区板块定位为新型国际商务综合区，重点发展文化创意、商务办公、酒店、大型集中商业设施、科技服务等现代服务业，打造功能复合的综合发展区；

站北综合服务区板块重点发展现代物流、电商服务、供应链管理、商品交易、零售、餐饮等现代服务业，打造具备区域生产组织中枢和国际供应链管理中心功能的综合枢纽片区；

滨湖旅游区板块重点发展旅游休闲、文化创意、旅游地产、商业地产等；

临水居住区板块重点发展住宅产业、休闲购物、娱乐、餐饮等功能配套设施；

度假疗养区板块定位为wellness健康养生度假区，重点发展医疗卫生产业、社会服务业、旅游业等；

滨水休闲区板块定位为风情旅游城市客厅，重点发展商业、文化产业、旅游业等产业。

2.2.2 空间整合策略：枢纽及轨道交通节点地区高强度立体复合开发

根据相关案例分析研究，重要交通枢纽站点对周边空间集聚发展具有触媒作用，必然会主导区域空间结构变化。因此提出以高铁站为核心，在核心区域倡导高强度立体复合的TOD开发模式，鼓励集中成片、促进产业集聚。通过地上地下一体化开发建设，创造均衡、活力、多元、畅达、立体的公共空间，提升城市公共生活品质和综合服务功能。

（1）地上空间开发

地上空间开发强调功能复合，规划引入HOPSCA模式（高度集约式复合建筑群、城市综合体）强调功能融合，打造将商业、酒店、商务、居住、出行、文化娱乐、休憩集合为一体的、互为价值链的高度集约式城市综合体（图3）。通过集群式发展，提高建筑使用率以减少能耗、降低商务成本并改善城市空间形象。

（2）地下空间开发

充分利用地下空间资源，构建立体开发建设模式，形成以轨道换乘为中心、多元功能复合互动的城市地下综合体（图4）。通过商业设施向核心区集中，静态交通向周边分散的方式合理分区布局，提高地下空间经济效益；另外通过地下轨道、地下车行及人行交通、静态交通设施共同组成交通网络，为地下空间的组织和到达提供便利；同时应与地上空间充分衔接，结合建筑物地下空间以提高土地利用效率。

规划两条大型地下通道并结合轨道站点形成"街区串联，环道疏散"的地下空间体系（图5）。地下功能设置与地面功能相协调，结合地下主通道形成地下商业区和商业街，临近站区的地下空间部分重点设置餐饮、休闲等功能，为乘客提供直接便利的配套服务。

2.2.3 交通一体化策略：区域交通与内部交通的快速衔接

依托高铁、城铁的交通辐射优势，与省内"1+8"都市圈形成"一小时经济圈"；与珠三角、长三角、环渤海、西部经济区等四个主要经济区形成"4小时高铁经济圈"。构建轨道与慢行相结合的城市综合交通体系，形成以公共交通为主导，各类交通方式协调发展的交通模式；规划各类轨道交通4条，构建了大武汉半小时通勤圈（图6）。

通过合理安排步行优先的交通体系，引导市民绿色出行。

街区密度空间分布与居民经济文化生活强度具有高度一致性，而公共交通站点（尤其是大运量轨道交通）由于良好的可达性则为交通区位优越的地区，其对周边地区的影响在用地性质、开发密度、地租水平、城市景观等要素上表现出空间高度耦合的特点。

研究表明轨道交通站点附近的地租普遍较高，开发强度也基本以高强度开发(FAR≥2.5)为主；以轨道交通站点为基准点向外的圈层变化特征是，地租逐渐降低，开发密度表现为中强度开发(1.0≤FAR<2.5)逐渐过渡到低强度开发（FAR≤1.0）。在接近下一个站点又逐渐上升直至再次达到峰值，如此往复呈规律性起伏变化。例如：日本轨道车站周边的规定容积率为6~9；深圳地铁一期站点500米腹地范围平均毛容积率为2.2，部分地块净容积率甚至达到6.0以上。

2.2.4　慢行交通构建：以人为本步行、绿道、蓝道体系建设

湖、湾、绿是杨春湖商务区的核心自然要素。通过水廊道和滨湖休闲带的建设，营造充满活力，富有魅力的滨水个性空间，向世界展示武汉滨湖新形象。三条指状水廊道，使杨春湖形成特色鲜明、有机联系的"五区三带"空间发展格局，是城市重要的滨水景观和公共活动空间。

规划以水廊道和滨湖休闲带为纽带，建设公共开放空间，组织通风廊道，调节城市小气候，减少高密度建设引发的热岛效应（图8、图9）。

营造步行优先，畅达滨湖，绿树成荫的慢行系统，提供自行车通行及休闲网络，100米可达社区公园和水系，200米以内各种交通设施无缝对接，500米以内办公、餐饮、酒店、购物配套齐全，1000米以内文化、体育、教育、医疗设施覆盖。

2.2.5　城市设计及景观整合：站前启动区、环湖公园等景观节点塑造

重点对武汉站西侧启动区的景观环境进行营造，打造高铁进入武汉的城市门户区。

（1）以丰富的建筑组群展示门户形象

利用高低错落的天际轮廓线体现"都市山水意境"，整体上形成井然有序的空间网格体系，以"T"形轴为梯度高潮，向两侧依次降低，局部打破规律，以活跃形态，获得生动的天际轮廓线（图10）。

（2）建设高品质公共空间及立体复合的步行交通网络

以线性中央公园为依托，结合周边商业综合体，打造集展示、游览、购物等功能为一体的中央景观轴线。利用连廊、垂直交通等联系方式，形成地下、地面、多层平台的立体游览空间（图11）。

3　规划特色

杨春湖商务区采用"一体化设计"模式，即：组织编制模式的"一体化"、方案设计"一体化"、运作模式的"一体化"。组织编制模式"一体化"主要为"1+N"规划编制模式的探索，即由武汉市规划院牵头，各阶段邀请境内外有经验的设计机构共同参与，系统性地完成规划工作；方案设计"一体化"即"地下—地面—地上'一体化设计'"，充分考虑地下空间、交通市政基础设施与地面空间的统筹布局，开展地下、地面、地上一体化设计；运作模式的"一体化"即"产业—规划—实施一体化运作"。重点功能区规划需开展产业专项策划，综合统筹重点功能区的产业定位、空间规划、资金筹措、招商、孵化、运营等各项环节。

图10　杨春湖整体鸟瞰

图11 杨春湖局部效果图

文化产业型

重点功能区

Key Functional District Of Cultural Industry

文化产业型重点功能区——研究思考

实施规划视角下的历史文化街区保护更新方式研究——以武汉市昙华林历史文化街区保护更新为例

Conservation and Regeneration Methods Research on Historical Culture Blocks from the Implementation Planning Perspective: A Case Study of Wuhan Tanhualin Historical and Culture Block Protective Regeneration Planning

【摘要】城市规划实施的关键在于全过程的设计组织。设计控制与协调工作的展开，需要形成近似于总协调部门负责的制度，需要针对不同项目进行主动沟通与博弈控制，建立评审与决策机制，以保证过程的运行有序进而指导规划的有效落实。历史文化街区的保护更新属于城市功能区规划中的重点和难点，其实施有效性一直备受关注。本节结合武汉昙华林历史文化街区保护更新的工作实践，基于对国内历史文化街区保护更新的现状实效认知，构建市区联动的保护更新实施体系，从技术服务与组织建构的双重视角以及宏观、中观、微观的不同操作层面加以剖析。

Abstract: The key of the implementation planning is the whole process of design organization. The design control and coordinate work need a system like the general coordinate department to take charge of, which can communicate positively and game-theoretic control for different projects, and establish mechanism for review and decision to make sure the process conduct orderly and the plan can be implemented effectively. The conservation and renewal of historical and cultural blocks is the difficulty and keystone in urban function districts planning, and its effectiveness of implementation has been highly concerned. This article connected with the practices of Wuhan Tanhualin historical and cultural block conservation and renewal planning, based on effective cognition of the current situation in China historical and cultural blocks conservation and renewal planning, constructes a tight linkage with districts conservation and renewal system, analyzes in technical service and tissue construction double vision angles and macro, middle and micro three operating levels.

1　引言

　　昙华林街区位于具有1800年历史的武昌古城内，是武汉市历史遗存最多、最为集中的片区，是武汉悠久历史及传统文化的见证。但是由于城市化进程的不断推进，城市中传统历史街区的外在物质形态与现代文明发展形式的冲突日益显现，昙华林历史街区的生存状态岌岌可危。为了改善历史街区居民的生活状态，保护历史遗存，延续历史文脉，亟须通过科学系统的分析和研究，挖掘昙华林街区的文化内涵，保护城市的文脉，找到保护与发展之间的平衡点。

2　"市区联动"下的历史遗存保护更新实施体系

　　通过搭建由"市规划局+武昌区政府"联合的领导平台，负责组织指挥协调各项规划项目开展，对昙华林工作进行全程指导，按照以保护规划为核心，"整体规划、重点实施"的工作思路构建整个保护更新实施体系。

2.1　整体规划——整体保护提升

　　基于对整个武昌古城蛇山以北地区的空间格局研究，通过对古城四大特色价值的提炼，明确蛇山以北地区得胜桥千年古轴、蛇山北麓景观带和北部城垣景观带构成的"两横一纵"的空间结构，确定昙华林国际艺术街区与大黄鹤楼景区两大功能板块，从区域角度明确昙华林历史街区的空间结构，包括主要轴线、重要节点及重点联系城市主要门户。

2.2　保护规划——历史街区保护规划

　　编制保护规划，确定"保护优先，适度更新"原则，划定保护范围，明确规划控制要求。结合武昌古城蛇山以北地区整体规划，严格执行《历史文化街区保护管理办法》，结合昙华林历史文化街区自身特点，划定街区及历史建筑的核心保护范围和控制地带，对各类建筑、街巷、传统空间、历史要素及非物质遗产等内容提出规划控制指引要求，同时对重要节点提出方案设计指引。

2.3　重点实施——昙华林启动片重点更新

　　选取昙华林历史街区核心片区作为引爆项目，先期启动核心区域的更新改造工作，进行规划及建筑方案编制、整体收储、改造、修建，实现物业由政府统一持有，整体策划招商，有序安排适宜的文化艺术类业态入驻，带动整个历史文化街区的更新改造。

3　昙华林历史文化街区保护更新的实施性工作框架

3.1　策划——整体方针政策

　　对昙华林历史街区业态、风貌等现状进行SWOT分析，基于差异竞争力分析、文保区规划政策分析确定区域以当代艺术为核心，发展艺术市场主体，驱动文化创意产业，形成文化经济合力的国际艺术文化区。

　　对于街区的产业功能和业态选择，采用社区访谈等方式，采纳民意，共筹发展，通过设计师技术辅导、居民主导建议的方式挖掘街区特色功能和优势业态。基于此，再通过业态经营指标、资金平衡匡算、社会效益测算等定量分析，提出整体功能布局和业态配比，进一步确定业态准入目录、规划控制指标和实施路径时序。

3.2 概念设计——高水平理念

提炼来源于本地设计机构、大学生及国际设计机构的高水准规划设计理念，将基于《武昌古城蛇山以北地区保护更新规划》的整体格局，严格遵循《昙华林历史文化街区保护规划优化》的规划控制要求。在此基础上引入国际知名机构的高水平设计理念，创新性的通过索道、高架步道等特色路径和山顶博物馆等功能亮点，将原有单一功能，单一线性的昙华林街区在功能上激活区域艺术文化氛围，在空间上向纵深发展，并与区域其他重要景点串联。

3.3 各专项规划设计——交通、基础设施等协调

基于整体和核心片规划方案构建交通梳理、市政优化、景观深化的多维专项提升模式。重点改善区域交通，提出区域"通而不畅"的三级特色交通微循环系统，明确衔接各出入口的停车设施，并探索索道、电动小巴等特色交通方式与路径有效衔接轨道交通站点、公交站点、出租车停靠点及停车设施等重要城市交通换乘点。市政优化分别对给水、污水、雨水、电力、供热、燃气等专项进行了研究和承载力分析。景观深化则重点从人性化角度对街巷空间、特色场所的景观营造与植被种植进行详细设计，助街区恢复场所精神与活力。

3.4 修建性详细规划——结合各专项下的规划整合

对昙华林历史街区核心片区进行修建性详细规划设计，整合规划、景观、交通、市政等多专项规划。通过强化区域特色路径和功能亮点，将原来线型的昙华林正街向片区纵深延展，并充分利用现有山地地形，运用高差处理方式设计一系列创意场地空间。提炼文化元素，结合前期策划成果，设计三条特色文化体验线路，并将策划中确定的功能业态落实到每栋建筑。规划秉持以"保护为主、修旧如旧、多维提升"的建筑风貌整治原则，分别对历史建筑、保留风貌建筑及风貌不协调建筑提出整改方案，还原片区特有历史氛围。

4 昙华林保护更新的实施组织方式

4.1 总协调部门——地空中心

采取规划协调人的操作模式，规划者作为协调人角色的创新实践，通过搭建规划工作协调平台，在实施过程中与政府、规划主管部门、土地权属单位等多方面协调的同时，在设计过程中形成"功能策划、保护规划、工程测绘、建筑、景观和交通市政等"多维度的工作组织体系。

4.2 设计机构的综合协调

在"市区联动"的领导平台搭建的基础上，邀请仲量联行、伍德加帕塔设计公司、武汉市规划院市政所等国内外一流设计机构，组建"平台机构+设计机构+配合机构"的高水准联合设计团队，形成策划、规划、测绘、建筑、景观、交通、市政等多方全程"一体化"工作组织体系，从工作启动会、阶段成果审查及成果验收等多个关键节点，均实现广泛的多方参与，切实保证规划的顺利推进和后期实施可操作性，避免木桶效应阻碍实施进程，拉低实施效率。

4.3 政府职能部门的相互支撑

基于采用"市区联动"的工作模式，市级方面主要对接武汉市房产局、武汉文化局等相关部门，武汉市

国土规划局主要引导对接市级土地储备机构、规划审批部门和实施部门，在区级政府的指导下，对接区级城乡统筹办、文体局、发改委等相关部门，做到规划实施上下游多部门的协同合作与支持。

5　昙华林保护更新实施建设的资金安排策略

通过完整的资金支持计划推动昙华林保护更新实施建设。成立"武昌文化旅游公司"为政府投融资平台，主要负责组织项目资金筹备及项目建设工作，采用"PPP公私合营"模式以政府为主导促进规划实施。同步编制工程造价及土地、资金平衡方案，安排土地整理、房屋征收、招商推介等工作，切实保证了街区保护更新的可实施性。

文化产业型重点功能区——研究思考

传统街区旧城更新的文化再生与规划引导
——以归元片规划为例

Culture Regeneration and Planning Guidance of Traditional Blocks:
A Case Study of Guiyuan Temple Area

【摘要】归元寺和汉阳旧城地区是集中体现归元寺佛文化和武汉老城文化的历史地区，然而旧城环境日益破败，基础设施老化，社会结构逐渐老龄化，年轻人口流失，城市功能衰落，活力下降；但同时归元寺作为华中地区的重要佛文化寺院，吸引大量人流，尤其在重要节假日，对交通造成极大压力。为在保护好佛文化和汉阳旧城文化根基的同时，更新城市功能和基础设施，提升地区活力，在编制片区整体规划的前期，对整体进行了文化再生和文化产业植入的规划引导，以在旧城更新的过程中，保证开发与保护并行，以文化和功能为主导，提升城市活力。

Abstract: Guiyuan Temple and old town of Hanyang area are the historical areas reflected the Buddha culture of Guiyuan Temple and old culture of Wuhan city. However, the environment of old city is drifting into dilapidation, infrastructure construction aging, social structure of population aging, young people loss, urban function and vitality decline; In the meantime, Guiyuan Temple as an important Buddha culture temple, attracted lots of people, especially during important holidays, caused great pressure to the traffic. In order to update urban functions and infrastructure, upgrade urban vitality, meanwhile has a good protection on the culture basis of Buddha and Hanyang old town, the whole area has been led by the culture regeneration and culture industry implanted plan. Development and protection can be guaranteed to be processed synchronously, urban vitality can be upgraded by culture and functions during the process of old town renewal.

1 以文化为主题的汉阳老城片总体定位

1.1 背景

为了加快武汉市国家中心城市的建设，落实市领导提出的要保护好、利用好、开发好归元禅宗文化的指示精神，进一步做大归元寺宗教文化品牌，彰显旧城历史文化特色，提升武汉城市功能和文化品位，2016年1月份，汉阳区政府与武汉市国土规划局共同启动了《归元片地区旧城更新与城市设计》的编制工作。

1.2 汉阳的文化遗产

深入挖掘汉阳文化的价值内涵，通过文化符号、体验、精品、产业化手段，实现文化价值。

最原味的武汉传统——汉阳是武汉的城市起源，整合武汉传统民俗文化、手工艺技艺、百年老店等传统元素，成为武汉最原味的传统文化汇聚地；

最国际的知音文化——知音文化是武汉城市之魂，基于传统的知音要素，通过会展、会议、交流、互动等环节的设置，延伸知音文化的国际内涵，提倡知情重义的武汉相处之道；

最创造的工业地位——汉阳作为中国近代工业的发祥地之一，代表着一个时期的先进生产力，在国际竞争激烈的今天，加强文化创意产业与工业的对接，是当代工业角色的转变的重要推动力；

最向善的心灵净化地——利用武汉佛教"四大丛林"之一的归元寺佛教元素，延伸禅修、参禅等面向大众的佛学体验，引导社会大众一心向善、净化心灵。

1.3 打造汉阳CCD

汉阳地区是武汉发源之地。汉阳知音文化是武汉城市之魂；汉阳是中国近代工业的发祥地之一；汉阳归元禅寺是武汉佛教的"四大丛林"之一；汉阳打造中央文化区，将成为城市、产业创新发展，实现区域综合价值的战略引爆点。因此深入挖掘汉阳文化的价值内涵，通过文化符号、体验、精品、产业化手段等，实现其文化价值成为归元片的设计核心。

归元片作为汉阳发展的重点片，应站在汉阳发展战略的高度，发挥本片区优越的地理交通区位、自然文化资源优势。把握汉阳中央文化区的定位和功能布局，发挥历史人文和商业优势，规划结合旧城风貌的建设，强化钟家村的城市商业服务中心的职能，并通过西大街延伸旧城风貌区传统商业街区，结合归元寺宗教文化旅游功能，发挥归元寺宗教文化旅游中心的作用。

2　佛文化的演绎与再生

2.1　文化再生的理论思维

文化属于深层结构的智慧，它的传承和创新需要载体和表现形式。首先，文化的理解和观念会直接影响到人们的生活模式，进而通过人们的生活改变周围的环境。因此，文化再生与相应的生活模式和宜居环境是密不可分的。另一方面，文化再生的驱动力仍然有赖文化产业的发展。文化产业有其自身的发展体系特点，以台湾文化产业体系为例，通常以文化观光产业为基础核心，营造地方文化特色与观光体验的动机。皆有人潮、钱潮活络地方文化积累与经济效益，创造财富与就业机会。如：旅游内容规划服务（旅行社）、历史及知识传递（专业领队及导游）、旅游内容及场地提供（观光游憩、展演场所）、旅游住宿提供（观光旅馆、一般旅馆、民宿）、地方节庆与观光活动（文化活动策划，永续经营管理等）；以核心产业为应用基础的外围文化观光产业创造以旅游、体验、交易消费为动机。如：餐饮业（餐厅、地方小吃名产）、交通服务（客运公司、船运及航空）、工艺、音乐、舞蹈、戏剧、文学、视觉、纪念品等文化活动之旅游信息网站；铺陈产业大环境建构之配合产业；仰赖充沛金融投资……如：地方文史教育工作、专业人员培训工作、小区观光经营与总体营销、多元观光旅游信息、地方环境工程营造（自然地景，古迹历史遗址）、交通动线规划、农、林、渔、牧等特产物料供应、在地博物馆及展览会设施、国际会议与商务会议场所、在地(都市建筑)展演设施平台管理、医疗、保险、通信等服务。

归元片的文化再生是以武汉文化、归元寺佛文化为根基的，衍生出绿色产业、里仁文化、养生产业、教育产业、休闲产业、微创新产业、文创产业、公益产业等产业类型，构筑新的城市生活内容，并在居住环境和建筑形象上体现出文化、智能、绿色的城市环境理念。

2.2 文化再生的操作体系

文化再生的操作体系以其理论思维为根基，形成以文化智慧为灵魂、产业体系整合为骨架、跨域整合创新——六产体验经济为内容、城市品牌为魅力、建构标准为依据的操作体系。

2.2.1 源于文化

归元片的文化根源是归元寺的佛文化——归元性不二·方便有多门。归元寺开山祖是白光、主峰两位俗家同胞兄弟，祖籍浙江。他们游方到汉阳兴国寺研究藏经，同时行医、行善三载。汉阳富商孙耀光、戴天成等人深受感动，故此民间出钱修建归元禅寺。寺名取佛经「归元性不二，方便有多门」之语意。归元者，回归本源，天真，纯洁无秽，元体或元气（「元气げんき」在日文是指身心康泰；"归元"英文译作"restoreto health"，见《麦氏汉英大辞典》）。因此，从文化上理解归元寺的佛文化，其意义即是回归自然本性，向善、慈悲、智慧。

围绕归元的佛法智慧，通过现代性的语言方式，如音乐、空间、艺术、文字、科学、媒体等语言，可实现佛法人间化。因为宗教的教义透过实体生活空间的具体呈现，较之宗教教义更具感动人心的力量。因此，归元佛法文化可透过艺术、教育、媒体、文创、善行等方式实现对现代生活的影响。

2.2.2 形于产业

佛文化的核心支柱产业为十个方面：佛法公益化、科技化、媒体化、文创化、云端化、生态化、教育化、艺术化、商业化和体验化。由此上述十方面核心支柱产业衍生出配套商业服务项目。

佛法公益化主要是指建立慈善基金会、慈爱安心站等；佛法科技产业化如环保科技企业；佛法媒体产业化是指佛文化动漫馆、互动多媒体展馆等；佛法艺术产业化如室内小剧场、佛艺品馆、古乐坊、画廊等；佛法文创产业化如手艺禅体验馆、艺拓国际体验展馆等；佛法网路产业化如虚实相合的佛文化商店；佛法绿色产业化如人间环境惜福馆，人间幸福有机馆；佛法教育产业化如佛文化书院、慈心华德福幼儿园；佛法商业产业化如素食坊、阳明春天、公平贸易、无印良品、二手古物商行；佛法体验产业化如城市户外剧场、城市舞台、祈福天灯馆、岁时节庆主题馆等。

2.2.3 用于生活

文化再生在生活层面的体现主要表现在三个方面：空间体系、形象体系和六产体系。

空间体系以汉阳旧城区归元片历史文脉肌理结构骨架，整合街巷、广场、里坊等公共空间和承载人文资源文化遗存的历史建筑实体。

图1　归元片历史空间肌理图

图2　归元片街巷、广场、里坊肌理图

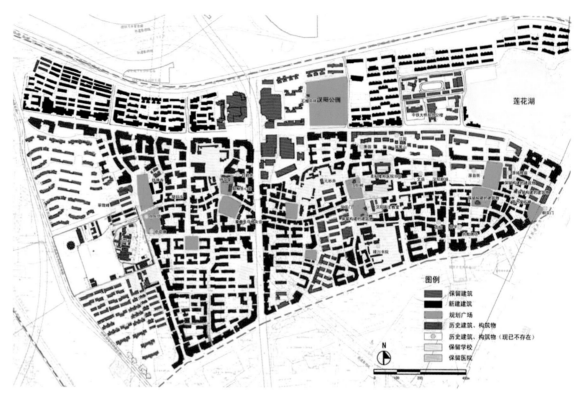

图3 归元片建筑肌理图

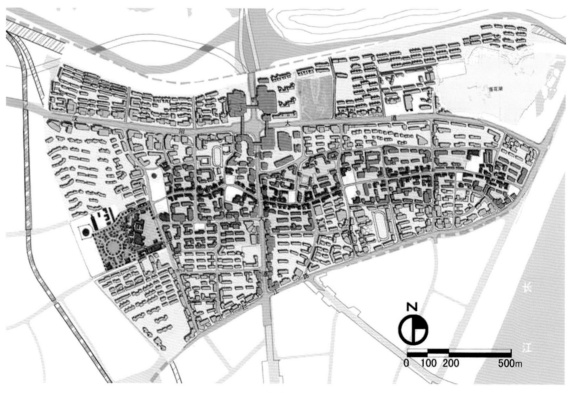

图4 归元片建筑布局肌理图

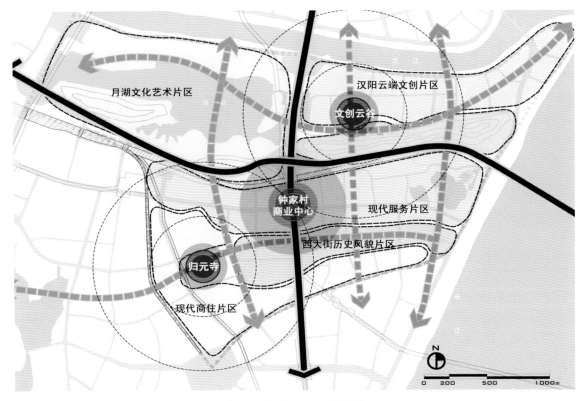

图5 汉阳地区文创产业空间布局图

六产体系方面，以归元寺为核心，采用主题街区的形式在空间上落地核心支柱产业，结合衍生产业的空间布局形成"一寺、一街、八区"的规划结构。

2.2.4 成于品牌

文化再生的品牌树立关键在于文化产业的运营模式和操作办法。借鉴台湾的成功经验，可引入基金开发模式，形成自身造血机制，经济滚动开发。首先，成立由基金公司、政府、产业者、开发商组成的项目建设发展基金，然后共同投资发起设立以促进产业升级为目的的产业基金，并邀请具有经验的创意运营管理机构负责日常运营，促进产业升级、打造品牌。

3 文化再生的系统整合

3.1 结构——历史文脉的空间肌理

通过梳理汉阳旧城区从东汉、唐代、明清，直至新中国成立后不同历史时期的空间肌理，得到归元片历史空间肌理（图1～图4）。

3.2 虚体空间——街巷、广场、里坊

构建由街巷、广场和里坊组成的虚体空间。

3.3 实体空间——建筑物

以汉阳归元片的人文资源文化遗存，如以禹稷行宫暨晴川阁、禹功矶为代表的楚汉文化；以古琴台、琴台剧院为代表的知音文化；以凤凰山摩崖（市级文保）、梅子山摩崖（不可移动文物）、大别山摩崖（市级文保）和汉阳树（不可移动文物）为代表的辞章文化；以祢衡墓、铁门关、鲁肃墓（保护级别待定）为代表的三国文化；以西大街、显正街为代表的商贸文化；以归元寺、石榴花塔、铁佛寺为代表的宗教文化；以汉阳造创意产业园（不可移动文物）、国棉一厂片（历史街区）、武汉特汽片（历史街区）为代表的工业文化，以及黄兴铜像（省级文保）、红色战士公墓（不可移动文物）、龟山碉堡（不可移动文物）为主要代表的红色文化等（图5）。

4 文化再生的规划引导

4.1 打造文化核——归元寺

以归元寺为核心，围绕西大街和显正街布置核心支柱产业支撑佛法文化产业，形成"一寺一道，一街三塔"的城市空间景观意象。其中，"一寺"为"归元寺"及其周边发展区域，包括归元寺、归元祈福广场；"一道"为自归元寺向东延伸的归元祈福大道；"一街"为西大街、显正街——佛文化商业街，"三塔"为观音祈福塔、汉阳心塔、长江祈福塔。"一寺一道，一街三塔"的总体空间结构，构成了归元片区的整体意向。核心区深化设计围绕"一道、一街"，重点打造归元祈福大道和西大街，在传统空间尺度的基础上，设计符合汉阳特色的传统民居和合院式商业街区，形成商业、文创和佛文化相关主题的空间意向，并将旧城的历史遗存整合到整体空间脉络中去。

4.2 支柱产业与衍生产业的空间布局

按照文化再生的理论思维，以归元寺为核心，将核心支柱产业沿西大街显正街沿街布置向外衍生，将衍生产业布置在主大街两侧的街坊，形成文化产业空间体系。

4.3 文创产业空间布局与相关配套设施

考虑汉阳地区的现有文创产业园的发展情况和月湖、墨水湖等地区的丰富人文资源，形成以汉阳造文创云谷、归元寺佛法文化为双核驱动的汉阳文化再生模式，实现以佛文化为代表的文化创新与云科技为代表的科技创新。

5 小结

本规划以传承与发扬佛教文化为基本理念，将历史遗存和文化内涵挖掘出来，转化为具有核心竞争力的优势产业。在此基础上，通过深化设计，对相关的产业进行了细化布局研究，并结合空间方案进行了整体设计安排，以期望形成归元片区整体文化复兴的核心片区，实现区域的文化再生。

文化产业型重点功能区——研究思考

台湾地区的文创产业园对武汉工业遗产改造的启示——以龟北片规划为例

The Revelation of Taiwan Area Culture and Creative Industry Parks to Wuhan Industrial Heritage Transformation: A Case Study of North District of Gui Hill in Wuhan

【摘要】龟北片位于武汉两江交汇之地，不仅是武汉城市地理位置的中心，也是武汉城市文明的发源地及我国近现代工业的主要发祥地之一，拥有丰富的工业遗产资源。在此背景下，系统总结和解析台湾地区文创产业园区的成功发展经验，提出对龟北地区工业遗产可持续利用模式，具有突出的现实意义和借鉴价值。

Abstract: With rich industrial heritage, North Gui Hill area is located the junction of two river. It is not only the geographic center of Wuhan, but also one of the main birthplaces of Wuhan Urban civilization and China modern industry. Under this background, analyzes and summarizes the success experience of Taiwan area cultural and creative industrial parks, presents a sustainable use mode of the North Gui Hill Area industrial heritage, which has realistic significance and lessons for future.

引言

　　龟北片位于武汉长江、汉江交汇之处，是武汉城市地理位置的中心，具有独一无二的区域地理优势和自然景观资源，也是武汉城市文明和近代工业的发祥地。随着城镇化的高速发展和城市产业结构的升级调整，传统制造业逐渐移出龟北，在这里留下了一批闲置工业厂房。2011年，武汉市政府组织编制的《武汉市工业遗产保护与利用规划》，将龟北片内的鹦鹉磁带厂、武汉第一棉纺织厂、汉阳特种汽车制造厂认定为二、三级遗产，外加位于汉江边的汉阳铁厂矿砂码头旧址，龟北片成为武汉工业遗产分布最密集的区域之一。

1　工业遗产保护利用的现状

　　工业遗产作为工业城市发展到特定时期的重要产物，见证着城市的发展与繁荣。武汉市的工业遗产保护起步较晚，经历了从早期的商业开发向目前的文化设施改造的转换。在市场因素的影响下，武汉市早期的工业建筑改造利用以地产开发为主，将老厂房经过修复或改建，在保留原有建筑面貌基础上并加入一些新的装饰元素，功能置换为办公或商业。如由原中南汽修厂改造而成的"花园道"艺术生活区在保留原有建筑结构的同时加入新的材料和表皮，成为武汉第一条工业遗存改造的艺术商业街；或者是工业构筑物元素的景观化保留，如复地东湖国际和万科润园等。

　　随着近年来城市更新的加速，为了充分挖掘现存工业遗产资源，推动城市的产业升级和经济发展，打造城市新的文化地标，鼓励工业遗产与文化创意产业结合，与博览、科普教育相结合，与旅游、生态环境建设相结合，形成主题博物馆、遗址公园、创意产业园区等灵活多样的发展模式。因此，本节从台湾地区文创产业园区的成功发展经验出发，研究探索龟北工业遗产保护的活化利用，以期承载都市发展的新功能，成功实现武汉近代工业发祥地向文化创新中心的华丽转型。

2　台湾地区文创产业园的借鉴与启示

　　台湾当局于2000年颁布了《闲置空间再利用实施要点》，决定在古迹、历史建筑和某些特定建筑物聚集的地方进行整合利用，自此拉开了兴建台湾地方性文化创意园区的序幕。 经过10年的努力，以台北松山文创产业园（图1）、华山1914文创园区（图2）为代表的台湾文创产业园，集合了台湾多种文创业态为一体，成为台湾目前最重要的文创产业孵化器，举办了形式多样的文化创意展览、演出等活动，吸引了大量的市民和外地游客来参观和体验，在世界华人地区树立了文创产业园区的典范。台湾地区文化创意产业产值也由2002年的4352.6亿元新台币增长到2010年的6615.9亿元新台币，占台湾地区生产总值的比重达4.9%；2013年，台湾地区文化创意产业产值突破万亿元新台币，并创造4.3万个就业岗位，形成了独具特色的发展风格和良好的运营模式。

图1　台北松山文创园（原台湾松烟厂）

图2　华山1914文创园（原酿酒厂）

2.1　注重保护利用工业遗产

2001年，为了鼓励文创产业的发展，台湾地方当局提出闲置空间再利用计划，提出对结构安全的闲置空间（古迹、历史建筑或未经制定的旧有闲置建筑物或空间）进行再利用，用于推展文化艺术。2002年，台湾"文建会"颁布的《文化创意产业发展计划》中，明确提出利用停止使用的生产基地，将台北酒厂旧址、台中酒厂旧址、嘉义酒厂旧址、台南仓库群和花莲酒厂打造成为台湾五大创意文化园区。文创园区的发展，不是建立在闲置空间的拆除重建上，而是与工业遗产产生了有机的融合。这种文创园区的建设，成为全世界范围内的一种发展趋势，逐渐演绎成为一种新的"后工业文化遗产"。

2.2　注重融合地方传统文化

台湾地区文创产业园的发展是建立在所在城市或区域的环境特质基础上的，强调保存和延续地方传统魅力，发掘地方的创意与特色。通过文创产业园区集聚文化创意产业和人才，充分挖掘地方性、传统性、手工性的文化资源，与地方产业做生态性的有机整合，建立具有"台湾味"休闲生活产业的永续经营发展模式，这是台湾地区发展文化创意产业园成功的关键因素。以台北松山文创园区为例，园区内定期举办最"台湾味"的各种创意市集，将许多传统台湾本土产业注入文化创意与设计，提升了产品附加值，突出了当地文化特色，使其在同类产品的竞争中优势明显，使台湾地区文化创意产业展现出惊人的爆发力，带动了设计领域和其他领域更多的交流互动和前瞻性的思考与突破。

2.3　注重策划举办展览活动

策划举办展览活动成为台湾地区文创园区凝聚人气，促进城市产业转型，提升城市文化形象的重要手段。就园区自身而言通过举办各种活动，吸引了国内外大量游客，促进了本地的文化创意产业研发，奠定文创产业园的品牌形象；而对城市而言策划举办国际文创活动，大大加强和提升台湾本土设计的地位和创作水平，为向世界推广台湾地区文化和推动台湾城市产业转型提供了良好的对外窗口和契机。华山1914致力于通过举办策划各类活动来营销推广园区，周杰伦等众多台湾本土明星、作家选择在这里举办新唱片、新影视、新书发布会或见面会，文艺团体、学生团体、一般机构，定期或不定期在这里举办艺术展览、教育展览、影展、摄影展、主题市集、体验活动等，商业演出与公益活动促进了多元性业态的有机结合，使得华山文创园区成为台北最有人气的园区之一。而台北松山文创园2011年成功举办了"台北世界设计大会"暨设计年相关活动，包含IDA国际设计论坛、台北世界设计大展、新世代交叉设计营与设计年认证活动，吸引国内外超过136万人次的参观人潮，获得了国际的一致赞许，成功将松山文创园区塑造成为台北市设计及文化创意产业旗舰发展基地。

2.4　注重政府引导、市场运作的运营模式

台湾地区文创产业的发展离不开地方行政部门自下而上的政策扶持。为支持文化创意发展，台湾地区行政部门出台了一系列经济政策，建立文化创意人才培养机制、注重文化创意产品国际市场拓展，为文创产业的发展提供了良好的平台。

而台湾地区文创园区的运营，台湾当局也是通过整体规划、分片分期实施的方式，促进民间创意阶层的参与和市场化运营，来保证园区创意活动的活力。以华山1914文创园区为例，2007年2月文建会规划"华山创意文化园区文化创意产业引入空间整建营运移转计划案"，其中包括"电影艺术馆OT案"、"文化创意产业引入空间ROT案"、"台湾文化创意产业旗舰中心BOT案"。这三者的共同之处在于资产所有权都归政府，营造和运营权在民间资本；而投资和整体规划权略有不同 。这种行政引导、市场化运营的开发模式，保证了园区活动的多样性、激活和赋予了历史遗产新的使用功能，同时也促进了民间资本参与保护历史遗产的积极性。

3　对龟北工业遗产保护和利用的启示

龟北片基于先天优越的区域地理条件和资源禀赋，承载了武汉市政府和广大市民的殷切期望。随着对该地区规划研究探讨的不断深入，尤其是对台湾地区文创产业园的考察学习，对龟北的工业遗产保护利用有以下启示。

3.1　工业遗产保护利用优先

工业遗产的保护改造是文创园区开发建设的核心内容。文创园区的工业遗产的活化利用，就是在城市钢铁森林中保留城市的文脉回忆，将工业遗产所代表的城市产业发展历程和文脉延续，作为园区规划设计的基调和主轴。龟北片作为武汉近代工业的发祥地，以"汉阳造"为代表的武汉工业精神，通过工业遗产的保护利用，将武汉的传统文化和地方产业与文化创意元素融合，形成新的功能产业置入，实现了旧与新、静与动、精致与通俗，过去、现在与未来的功能的多元与表达的统一，使得"汉阳造+"成为从本地文化底蕴发展的特殊体验地点，展现了武汉市民对未来生活的想象与在地生活文化对外的展示窗口（图3，图4）。工业遗产的保护再利用也成了名副其实的城市文化创意地标。

图3　汉阳特种汽车制造厂

图4　"汉阳造＋"文创园区改造示意

3.2　地方传统文化介入升华

　　龟北片的策划定位分别从城市的发展趋势、政府的发展愿景以及产业发展的政策出发，梳理龟北片在武汉市的核心区域地理优势，拥有的自然人文资源禀赋和历史发展的地位，明确其战略地位、功能定位和发展特色。龟北片依托"汉阳造"延伸的地方产业精神和传统文化品牌，结合文化创意产业，形成全新的"汉阳造+"武汉文化创新驱动中心。

　　整个园区致力于打造过去、现在与未来的联结，涵盖了从研发、培训、孵化、加速、实验、流通的整个过程，划分为T2B产业加值工作空间，通过建立产业创新学院，集聚创新性服务业，培养文创人才，联结产业与文化、互联网等的无限可能；B2C生活创新体验空间，通过打造创新产品体验馆，融合游客和消费者体验反馈，开展产业造商和培育孵化文创品牌；B2B2C创意文化行销空间，通过国际创新博览区，发展会展及行销产业，不断扩大"汉阳造+"产业和产品影响，打造武汉城市名片和文化热点，三区联动形成了持续进化、无限持续创新的文创园区。

3.3 创意大展激发片区人气

"汉阳造"代表了武汉制造的起点，奠定了武汉工商业长期发展的基础，而"汉阳造+"文创园区则延续武汉创新思维与创新发展的精神，致力于成为武汉文化创新驱动中心，创新产业实验工场。为了吸引人才，聚集人气，扩大园区的知名度和影响力，"活动"成为文创园区运营成功的重要因素。基于武汉当前城市转型与文化复兴，建设国家中心城市的迫切愿望，计划依托台湾创意设计中心的丰富国际策展和招商经验，举办"国际产业创新博览会"，立足于武汉当前产业发展基础，围绕"互联网+中国制造展"、"互联网+未来教育展"、"互联网+未来医疗展"、"双创+文化体验展"、"物联网+未来设计展"、"物物网+智慧生活展"等六大主题展览，招募顶尖拔萃厂商参展，为武汉策划世界级文创盛事，作为园区开幕营销的重点工程产业，吸引国内外游客，搭建武汉对外文创产业和文化交流的窗口。

3.4 多元合作保障园区运营

为了保障龟北片的工业遗产在向创意产业园区改造中能够健康有序发展，需要在政府引导下，建立政府、企业和社会之间的多元合作机制。其中，工业遗产和创意园区的改造经营权由地方政府与开发企业协作，选择一家或几家具有文化、创意、策划背景（建立合作公司）来负责改造运营，在项目启动初期就成立了以本地规划设计机构为技术平台，由台湾地区文创产业发展的核心指导策划及相关运营管理机构组成的策划、设计到运营三位一体的联合团队，来研究确定园区产业定位和招商运营策略。同时，地方政府需联合相关管理部门对经营公司的改造运营能力和效果进行监督，确保工业遗产改造利用既能满足市场和时代的需求，又能使珍贵的历史记忆和文化品牌得以延续。

结语

台湾地区文创产业园的成功发展经验可以概括为"保护历史，融合地域，活化空间，发展经济"。它们之间是相互依存和推进的。在龟北片的工业遗产改造中，利用这四大经验，依据区域地理优势、资源特色、发展状况和政策支持等形成相应的保护利用模式，才能充分发挥龟北片的特殊区域特质，形成城市名副其实的新文化地标。

文化产业型重点功能区 —— 研究思考

人性化街道空间设计方法探析
——以武汉市中山大道街道改造为例

The Design Methods Exploration of Humanized Street Space:
A Case Study of Wuhan Zhongshan Avenue Renovation

【摘要】城市街道是城市公共生活环境的重要组成部分，是人们日常生活的重要场所。本节以武汉市中山大道改造为实例，探讨人性化街道空间设计要素及设计方法，提出通过街道路权划分、交往活动空间创造、过街安全设计、车行宁静设计等措施，营造"让步行友好，让车行安静，让交往便利"的共享型街道氛围。

Abstract: Urban street, an important part of urban public environment, is an important place for people daily life as well. This article takes the transformation of Wuhan Zhongshan Avenue as a case, studies the design elements and approaches of humanized street space, proposes the measures such as road rights clarification, activities spaces creation, crossing safety design, sound-free driving design to create a sharing street environment which is pedestrian friendly, driving sound-free, traffic conveniently.

1　前言

简·雅各布斯在《美国大城市的死与生》中说："街道是为人服务的"。纵观历史，传统的城市街道历来就是人们交往与活动的空间，是人们体验城市文化、城市情感的重要场所。但经历小汽车时代后，富有活力的街道生活也离人们正越来越远。街道逐步变成是为"汽车"建设的道路，大部分的街道空间被行车道和停车所占据，人行空间变得越来越狭窄，街道绿化和露天公共空间被挤占，人们身在其中，感受不到城市街道空间应给予的舒适、安全和归属感，处处显得不便和危险，城市也出现交通拥堵、交通事故等一系列问题。

基于此，欧美国家自20世纪80年代就开始寻找使人车共享，步行友好的街道设计方法。类似美国纽约、英国伦敦等大城市都出台了以提升行人的街道感受为目标的《街道设计手册》、《街道设计指引》等，不仅从街道整体层面探寻改造措施，更主要的是，针对街道中与行人活动最为密切的要素，提出了一系列设计方法与措施建议。武汉市在近年来的城市更新过程中，逐步将"关注民生，关注市民的使用体验"提升到城市建设中重要的地位，对城市街道尤其是商业街道的改造，更是要求以人为本，人本回归。2013年武汉以地铁六号线建设为契机开始启动的中山大道改造，提出打造"公交主导、步行友好、环境宜人的文化旅游大道"正是对这一要求的有力回应。中山大道改造历时3年，从街道整体改造规划、详细改造规划到具体工程实施，尤其是对与行人密切相关的街道空间的细节设计方面，秉承了"以人为本"这一总体理念，期望营造"让步行舒适，让车行安静，让交往便利"人性化街道氛围，提升人们在街道中的归属感与认同感。

2　人性化街道空间设计范围与要素

街道因人类活动的需要而形成，应是容纳人们行走、闲坐、观摩、用餐、购物等各项活动的街道生活空间，提供令人愉悦的步行体验。虽然令人愉悦的步行体验对每个人都是不同的，会受到时间、个人情绪以及行人的目的等各种因素而影响，但却存在一些通过城市设计手段可以控制的设计要素。英国著名学者布凯南在其城市交通研究报告提出街道设计时应考虑"街道环境容量"，由此引发的研究认为，人性化街道应包含安全性、交往性、舒适性、观赏性、便捷性五大要素衡量标准。著名的SOM建筑设计事务所在其《城市营造：21世纪城市设计的九项原则》一书中，从营造令人愉悦的步行体验角度出发，提炼了生态环境的可持续性、步行安全性、连续性、人类尺度及复合化、无障碍通道连通性、人行道可达性等六大人性化街道设计要素。而姜洋等在《回归以人为本的街道：世界城市街道设计导则最新发展动态及对中国城市的启示》一文中对伦敦、纽约等几个世界城市的街道设计导则进行了对比，总结出其在人性化街道空间设计指引层面需要关注的几大要素，包含街道分区分级、街道标准断面、地块机动车入口、过街设施、交叉口、结合公交的设计、交通净化等7大方面内容的设计要素进行了细致的分类。

以上研究从不同角度阐述了人性化街道空间的设计要素，涵盖了街道底层界面范围内与人们通行、穿越、游逛、交往密切相关的各种交通设施与环境设施。当然，不同的街道所关注的重点各有不同，在具体的街道设计中，我们可以根据街道的定位、街道空间特点及主要的街道活动对各类要素进行取舍与突出。但无论怎样，人性化街道的设计，应实现以下几大目标：（1）营造舒适尺度感和有韵律的步行感受；（2）提供不同行驶速度和活动人群安全、连续的步行空间；（3）引导小汽车减速行驶、让路于人；（4）创造人们能在街道中得到日常信息互通与自由交往的活力场所。

3　人性化街道空间设计方法的实践探索

中山大道西起汉正街中央服务区，途经老汉口历史文化街区，东接汉口沿江商务区，横贯汉口老城区，是传承百年商业脉络，沉淀汉商、华商、洋商岁月印记与万国风情的文化商业老街。在中山大道一元路至前进一路段1.2公里长的路段上，共有各类保护性老建筑及特色里分民居约150余处，历史底蕴深厚。但随着时代

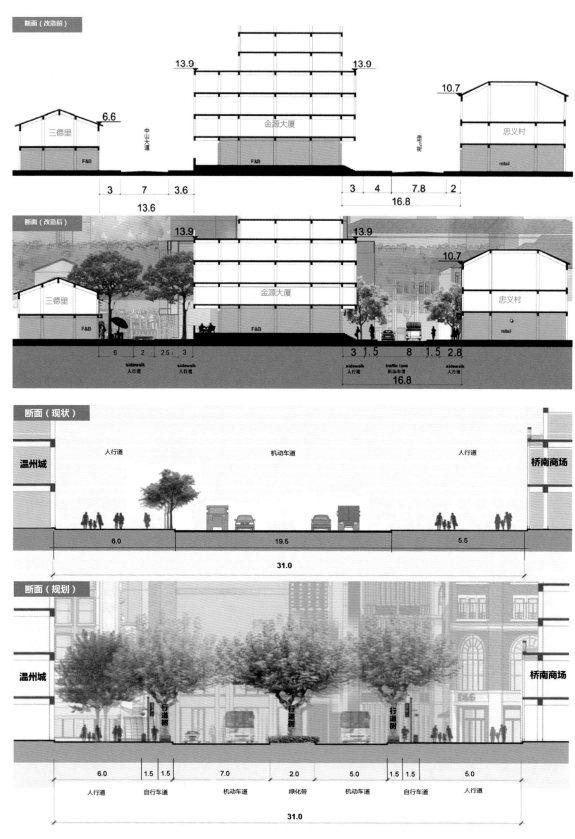

图1 道路断面改造对比分析图——三德里、民众乐园节点局部断面

的更替，中山大道现状已成为一条交通功能和商业功能并存的城市主要道路，现状交通秩序混乱，行车无序，步行交通不便，历史建筑功能没落，街道商业活力丧失，逐渐走向衰落。因此，结合地铁6号线封闭施工的建设契机，武汉市提出对中山大道进行"以人为本"的道路改造，并邀请伍德佳帕塔设计咨询（上海）有限公司对中山大道一元路至前进一路段上的重要节点进行改造设计。在设计中，伍德公司本着"生活因街道更美好"的理念，从人的活动需求出发，根据不同节点空间特点，从路权划分、交往空间、步行安全、车行宁静等方面，因地制宜地提出了改造方案。方案中运用了诸多国际人性街道设计的先进理念和设计手法，具体可概括为"以人为本的路权空间的重新分配，步行空间、人行过街、交叉口设计、道路绿化种植、道路铺装等要素的精细设计，以及街头活动、视觉趣味的营造"。所有设计的出发点都是为了可以让车行慢下来，让人重新回到中山大道，让中山大道重新成为人们体验城市文化、交往与消费的场所，从而激活中山大道百年文化老街的商业活力。

3.1　以人为本的路权划分

改造方案从"变以车为主到以人为本"角度出发，倡导地铁和公交优先的出行方式，采取道路断面精细化改造、区域交通组织优化、配套分流通道和疏解通道建设等措施，确保区域路网平稳运行。由南向北按照各段"交通疏解—商业服务—文化旅游"的功能定位，结合中山大道不同路段街道宽度和交通组织需求，对街道空间路权进行了重新划分。

其中以商业服务、文化旅游功能为主的中山大道一元路至前进一路段，长约1.2公里，在路权划分中，把步行交通排在首位，之后依次是公共交通、自行车交通，最后是小汽车交通。改造方案提出将现状双向2～4车道压缩为双向2车道，并划定公交车专用车道确保公共交通路权。通过路权的重新划分，将街道两侧步行空间由现状的1～3米拓宽到3～8米，使现状断断续续的人行道联系起来，并结合管线及市政设施迁改入地工程，通过绿化景观带、地面铺装等软性分隔方式，满足行人在街道中的游购、快速通行、骑行等不同的活动需求（图1），还市民一个步行连续、舒适宜人的街道步行活动空间。这种以人为本的路权划分，是创造人性化街道的基础。

3.2　交往活力的空间创造

根据步行者的生理和心理特点，人的步行活动半径为400～500米，超过此长度易使人感到疲劳。中山大道两侧历史人文景观虽多，但1.2公里的街道长度如何结合道路空间特点、因地制宜进行空间营造，是创造活力和特色街道的核心问题。改造方案结合该段道路宽度的变化，选择文化历史最为浓厚的三德里、美术馆、水塔、民众乐园四个重要节点段进行街道改造，赋予每段不同的景观主题，为人们提供了不同的驻足交往空间，让人们在此歇坐、聊天，为繁忙的中山大道注入了一种完全不同的节奏，也为行使中的汽车司机提供了更多视觉情趣，从而达到降低车速，提高街道安全性的目的。

三德里节点段现状为双向两车道，道路两侧分布大量的里分建筑，邻里尺度亲切宜人，伍德公司以美国佐治亚州萨凡纳镇为参考案例，试图创造绿色邻里街区，把活力和绿色带回里分、带回街道。改造方案在保护里分建筑肌理的前提下，拆除部分无特色和破败的建筑或构筑，释放更多的邻街绿化步行空间，增加外摆位并开放建筑底层，使街道两侧成为连续的公共开放场所（图2）。

美术馆节点段是中山大道的中心地段，现状中山大道和保元路从美术馆及其广场两侧绕行。改造方案提出对该节点进行空间重塑和复兴，通过车行系统的调整（图3），以美术馆及其广场为中心，将其两侧的保元里、汉润里、泰安里统一整合为集餐饮、零售、娱乐为一体的商业步行街区，在美术馆广场可举办街头音乐会、展演会、文化艺术节等各类活动，营造了一个市民休闲和聚会交往的公共空间。

水塔节点段现状为双向四车道，道路两侧建筑间距约55米，空间尺度较大。道路北侧有汉口水塔、总商会、江汉路等重要历史建筑和历史商业街区，南侧主要为大洋百货、佳丽广场等大体量现代高层商业建筑。规划借鉴西班牙巴塞罗那兰布拉斯大街中心步行岛的成功理念，将双向四车道压缩为双向两车道，并尽量将车道南移靠近佳丽广场和大洋百货，在水塔等历史建筑集中的一侧留出宽阔的步行空间设计了一个露天市场（图4），并以可临时关闭的慢行道穿插其中，既解决临时泊车需求，又提供绿树掩映的多功能城市开敞空间，给行人创造景观宜人、适宜驻足的街道活动交往场所。

民众乐园节点段重点对道路沿线步行空间进行精细化设计，增植行道树、道路绿化隔离带、小型环境景观等，形成适合行人游逛的梧桐景观步道（图5）。

图2 三德里节点临街公共空间释放改造示意图

图3 美术馆节点车行组织及步行空间改造示意图

图4 水塔节点露天市场改造示意图

图5 民众乐园节点梧桐景观步道改造示意图

3.3 人行过街的安全设计

3.3.1 交叉口缩窄或抬高处理

　　一般来说，街道越窄，行人过街的效率越高。中山大道改造规划在游逛人流量较大的水塔节点、江汉路步行街与中山大道交叉口等处，采用了缩窄道路交叉口的做法（图6），即通过占用机动车道路的一部分或者扩张行人道路的一部分，将行人过街处的路缘石扩展切入交叉入口道路，同时可适当减小道路转弯半径。缩窄交叉口入口一方面缩小了行人穿行必经的街道空间，提高了小孩和老人等走路较慢的行人的安全性。另一方面，街道沿线的不规则性及转弯半径的减小，也在一定程度上促使汽车司机减速慎行。在缩窄交叉口入口的基础上，拓宽人行横道也是保障人行过街安全的有效辅助手段。

　　缩窄道路交叉口的处理方式，虽然在国外街道设计中属于普遍方法，但因其会造成沿街路缘石凹凸不平，在国内并未被广泛接受。因此，除了几处特别的节点交叉口，中山大道整体道路设计中，一般性交叉口都采取了另一种更为常见的安全处理方法，即用区别于机动车道的砖石等凹凸材料（图7），将交叉口人行横道甚至整个交叉口路面相对抬高。抬高的交叉路口和十字路口相当于是整个交叉路口的减速平台，有效地控制了机动车通过交叉口时的行驶速度。通过区分路面材质抬高交叉口路面是较易于推广的设计手法，在适当的区域，它还可与交叉口缩窄配合使用。

3.3.2 过街"安全岛"设置

　　中山大道由于沿街建筑形式的多元化，街道时常出现漏斗状形态，交叉口人行空间宽度远远大于道路中段，如三德里段的一元路交叉口。规划在这样的交叉口处，若过于压缩机动车道反而会造成步行空间的尺度失衡，改造规划采取了设置过街"安全岛"的方法，即在交叉口转弯车道外侧或自行车专用道外侧设置小型平台，作为行人过街临时停留的交通岛（图8）。这种设置"安全岛"的设计手法，与交叉口入口缩窄的做法有

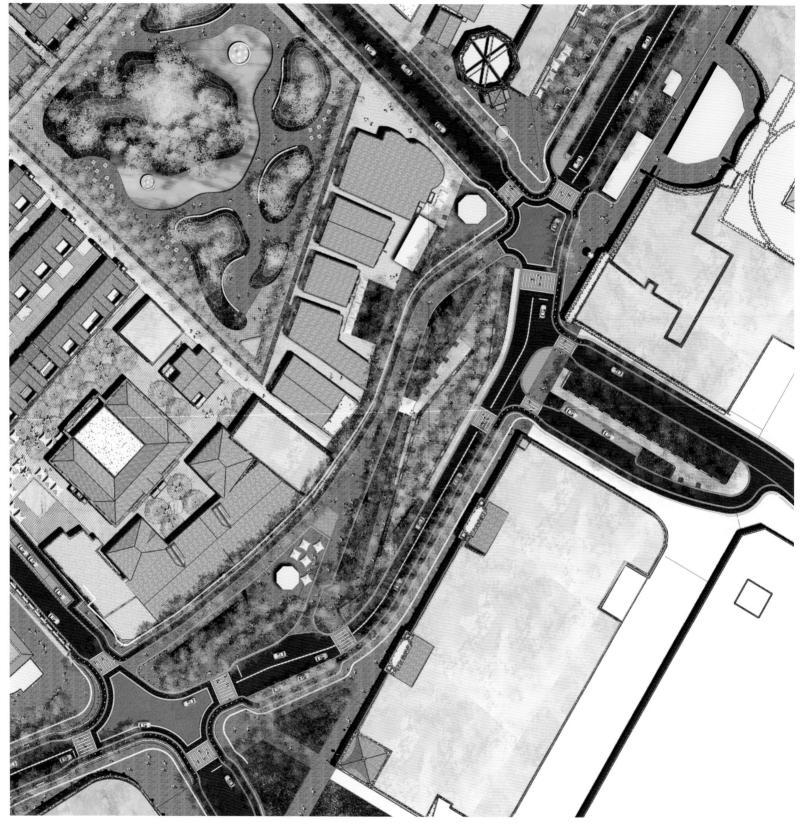

图6 中山大道交叉口缩窄设计——水塔节点

异曲同工之处，即在不过于压缩机动车道的基础上，相对缩短了道路交叉口的总空间，给来不及过街的行人、骑行者提供了安全等待的场所。另外比较重要的一点是，它作为一种自行车过街保护设计，将自行车专用道延伸至道路交叉口中心位置，与人行过街横道并列，在保障步行过街安全的基础上，也保障了自行车过街的连续性。

3.4 车行宁静的细节设计

中山大道改造过程中，最大化增加了公共交通的路权分配，并增设多处与地铁、公交相结合的换乘设施，在静态交通方面，将出租车落客及临时街边停车向与中山大道处置的次要街巷引导，同时结合青岛路等更新地块设置了两处大型公共地下停车场，力求改善现状"停车乱、停车难"所造成的街道嘈杂问题。同时结合多处路中绿化岛、绿化带以及沿街两侧丰富的行道树带的设置，营造了宁静、舒适的人车共存的街道环境。

这些措施并不是为了绝对的减少小汽车进入的数量，而是使得进入中山大道的小汽车速度慢下来，改善街道车行嘈杂的不安全现状，让人身处街道中更加舒适。车行宁静设计体现在中山大道交通、景观、设施等方面，可概括为街道设施的"增减"处理和车行可视景观设置。

3.4.1 道路设施"增减"处理

人车共享的人性化街道空间，是多种交通方式集合的街道空间，中山大道在在改造中，一方面增设BRT专线、自行车道以及路中公交站台等地面公交设施，通过各类与小汽车不同行进节奏的公交设施，丰富街道的路权划分，降低小汽车行驶速度，同时存在于道路中的公交设施也是行人有序地融入道路中的触媒点之一；另一方面减少街边停车设施和车行出入口。现代车行价值观造就的汽车长龙，尤其是路边停车，大大地影响了人们在街道中游逛的视觉享受。中山大道在改造中，取消路边停车，将路边停车场和临街单位及建筑的车行出入口统一调整到沿街建筑的后面，利用街道背面的小巷、建筑后的空地规划小型停车场地，将中山大道街道空间还给步行者。

3.4.2 车行可视景观设置

中山大道改造方案结合不同路段的空间宽度变化，增加车行可视景观来降低车速，使车行安静下来。具体包括设置绿化隔离带、沿街布置咖啡馆、转向改造十字交叉口方向等设计手法。改造方案在江汉路—吉庆街、水塔—佳丽广场、民众乐园等不同路段，结合街道尺度设置了2～4排行道树和中央绿化景观隔离带，在有效

图7 中山大道道路交叉口材质差异化设计——水塔节点

缩窄车行道宽度的同时，绿树成荫的环境也在一定程度有助于减缓车速；另外在美术馆节点、水塔节点街道两侧结合店面业态设置咖啡馆、餐厅的外摆位（图9），以吸引车行者们的注意力，使车行者避免重复景观带来的疲劳感，进而观察道路状况并降低车速；方案对三德里节点段的车站路斜向十字街口进行调整，通过转向、改道，形成两个丁字路口，让路口的商业店面成为行车司机的对景景观点（图10），增加了街道行使的趣味性，从而降低十字路口车速。另外通过交叉口的整改，开放一些邻里街巷的入口，给予行人更多的步行空间体验。

4　结语

城市是人们聚会、交流、购物、放松或享受自我的场所，街道作为城市的公共领域，是提供这些活动的舞台和催化剂，人性化街道空间的设计本质上是对人们生活空间的塑造。由于不同的街道所呈现的生活空间各不相同，在街道设计中所关注的要素、采用的方法也存在一定的差异。中山大道街道改造最终将呈现的是一种商业、交通、生活共享的人性化街道空间。这类空间要求安全、舒适与活力并存，改造设计方法也更关注人与车，人与建筑之间的各类交通、环境细节。目前在我国城市建设越来越关注民生、尺度的大环境下，以往"以车为本"的城市道路空间也将逐步向人性化街道空间转变。这也要求设计者和建设者，在面对城市各类不同性质的街道改造或设计时，要因地制宜，围绕街道自身的特色，关注与街道活动最为密切的细节设计要素，真正创造"以人为本"的城市街道空间。

图8　中山大道过街安全岛设计——民众乐园节点

图9　中山大道车站街交叉口道路改造设计

图10 中山大道车行可视景观设计——露天市场

文化产业型重点功能区——探索实践

中山大道景观提升规划
Zhongshan Avenue Landscape Ascension Planning

1 规划背景

武汉中山大道始建于1906年，距今已有100多年历史，沿线商圈云集、公馆洋行林立，是老汉口最重要的商业交通性干道。按照武汉市委市政府指示精神，以地铁6号线一期工程中山大道段全封闭明挖施工为契机，为激活老汉口、复兴中山大道商业街，通过中山大道的改造辐射带动周边发展，全面提升中山大道沿线景观形象，营造具有历史文化底蕴、繁荣宜人的街道空间环境。武汉市土地利用和城市空间规划研究中心联合国际旧城改造专家团队伍德佳帕塔设计咨询（上海）有限公司，于2013年12月至2014年12月编制完成了《武汉中山大道景观提升规划》。

规划范围分为两个层次，其中总体规划范围为中山大道（一元路至武胜路段）全长4.7公里，两侧各拓展1～2个街坊，面积约2.54平方公里，对范围内土地开发、业态提升、道路交通、建筑景观等进行系统研究；启动段范围为一元路至前进一路段，长度约2.8公里，两侧根据改造需要适当拓展，面积约90公顷，对启动段进行街道空间、建筑立面、道路断面、绿化环境、街道设施等方面的规划设计。

2 规划内容

中山大道景观综合提升工作以贯穿"规划、设计、业态提升、施工"的全过程运行模式，按照高标准规划、高水平设计、高水准施工、高业态引入的工作目标，将整个工作分为"规划编制、工程设计、改造实施"三个工作阶段。规划以"历史轮回、再现繁华、彰显底蕴、服务民生"为原则，通过环境重塑、文化回归、业态升级等综合举措，将中山大道建设成为再现历史风貌、彰显武汉特色的文化旅游大道。

规划重点从功能业态、景观塑造、文化保护、交通改造等方面提出整治提升方案，业态上变低端为时尚，形成一条商业潮流、品牌汇聚的购物天堂；形象上变灰色为绿色，打造一条绿树成荫、风景如画的绿色商道；文化上变沉寂为活力，汇聚一条品鉴百年时光的人文旅游风景；交通上变交通性干道为生活性街道，建设一条宜游宜行、安全舒适的游购漫道。规划着力打造美术馆、水塔、民众乐园、三德里四个重要示范节点，大量增加绿地空间和步行空间，让市民生活因街道变得更美好（图1）。

3　规划特色

3.1　提升功能业态，打造分段式购物体验

规划将中山大道全长4.7公里分为三大功能区段，结合现状商业业态布局特色及建筑立面整治工作，全面提升商业层级，打造"文艺、高端、时尚"的分段式购物体验。

一元路至江汉路段，通过对部分现有历史建筑的功能腾换整合，植入画廊、艺术工作室、艺术品拍卖行、时尚餐厅、精品花园酒店等业态，结合优秀里分策划武汉文化创意旅游项目，打造老汉口慢生活文化商业体验区。江汉路至前进一路段，以江汉路至水塔的百年精品老店、中高端百货等业态为基础，加强传统老字号的聚集，引入精品专卖店，依托百营广场、楚宝片等开发项目打造购物天堂核心区。前进一路至武胜路段，依托库玛、赛博数码广场、凯德广场等现有大型商贸综合体以及汉正街银丰片改造项目，形成国际商贸中心展示区和亚太时尚潮流引领区；同时根据各段特色，适时策划主题丰富的时令性街头活动，丰富街道公共生活。

3.2　美化景观环境，重焕街道人文活力

结合现状街道空间特色，打造"古典文艺—新旧交融—现代简约"的三段式景观特色，汇聚品鉴百年时光的人文旅游风景，营造适宜行人游逛的具有特色性、观赏性、参与性的街道公共空间。一元路至江汉路为古典文艺风貌段，建筑风格以新古典主义、折中主义和汉派里分民居风格为主导；江汉路至前进一路为中西融合风貌段，建筑风格分为新古典主义和现代风格两类，历史建筑的质朴与现代建筑的简洁轻盈形成对比，在碰撞中产生和谐。前进一路至武胜路为现代商贸风貌段，建筑风格以现代简约风格为主，形成大气靓丽的现代都市街景。

规划在结合路段特色基础上，提出打造中山大道"三段八景"空间景观结构，按照步行500米空间节奏设置转换休憩节点，塑造里分记忆、吉庆享座、江城旧影、金色百年、六渡新韵、武胜飞虹、民意绿廊、多福天地等8个景观节点，实现街道空间的"时空转换、步移景异"。对沿街建筑适度改型、丰富建筑细部、协调建筑色彩、清理广告设施、规范店招牌匾、规整空调机位，实现建筑单体美观精致、整体协调大气的立面效果与街景轮廓（图2~图5）。

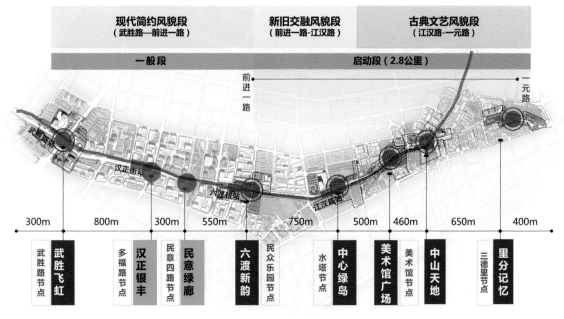

图1　总体风貌结构图

图2 水塔节点改造示意

图3 美术馆节点改造示意

图4 三德里节点改造示意

图5 民众乐园节点改造示意

3.3 丰富道路绿化，营造四季变换绿商道

提升道路绿化景观，以"变灰色为绿色"为目标，营造"人性化、可驻足、景观宜人"的慢行街道，增加现有林荫道的绿量，形成4.7公里的连续绿化廊道。中山大道全路段绿化改造实施双排行道树种植，在吉庆街、大洋百货等部分条件适合路段还将种植三排至多排行道树，局部重要节点丰富绿化层次和色相变化，使中山大道成为新的城市景观路段。

通过"植树、添花、重品味"等措施，增加地面、交通设施及建筑等立体花卉种植，考虑季相、色相，实现绿量充沛、风景宜人的绿化景观效果。一元路至江汉路段绿化主题为浪漫花廊，采取"双排乔木 + 移动花钵 + 立体绿化"的形式，塑造靓丽多彩、烂漫多姿、文艺典雅的道路景观；江汉路至前进一路段绿化主题为靓丽绿廊，采取双排乔木+季节花卉带的形式，增加道路两侧绿量，形成具有绿量充沛、四季变幻、绚丽多彩的道路景观；前进一路至武胜路段绿化主题为森林绿廊，对现有机动车道改造，建设绿化分隔带，营造具有浓郁现代都市特色、绿量充沛的道路景观。通过添园、添绿、添彩的提升策略，实现"街头有园、街旁有荫，四季有绿，三季有花"的景观愿景，以高品质的生态景观环境提升行人的游逛愉悦度（图6）。

3.4 传承历史文化，彰显百年商街积蕴

中山大道串联原法租界、俄租界、英租界等，沿线历史文化资源丰富，4.7公里的范围内共有各类文物保护单位、优秀历史建筑、历史保护建筑等约150余处，云集了汉口商业银行、汉口盐业银行旧址、三德里等众多租界建筑和特色里分民居，体现出古典主义、折中主义、俄式建筑、西班牙式建筑等不同时期的多种建筑风格，具有深厚的历史底蕴。

规划首先对整治范围内各类历史建筑的建筑质量、现状功能、权属单位进行细致的摸底调研，结合节点规划定位提出功能置换建议，通过历史建筑功能复兴重新焕发中山大道百年老街商业活力。汉口水塔是老武汉的标志性建筑，规划提出对汉口水塔主体进行功能置换，建设成展现汉口近代历史变迁的老汉口万花筒，对附属裙房进行重点改造，采用与水塔主体统一的红砖，恢复拱形门窗，还原历史风情。其次，对于中山大道沿线众多的商业老字号，如蔡林记热干面、四季美汤包、精益眼镜、亨达利钟表、品芳照相馆等，规划也提出了相应的保护与利用措施。

3.5 聚焦重要节点，引领街区品质提升

规划采取"以点带面"的实施策略，着力打造"美术馆、水塔、民众乐园、三德里"四个启动段示范节点，对每个节点的历史建筑修缮、建筑立面整治、业态置换、交通组织、道路灰空间、街道景观、绿化种植等方面进行了详细规划设计，

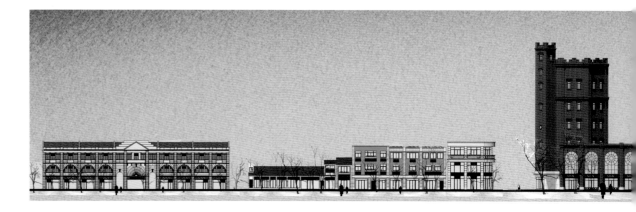

美术馆节点是中山大道核心亮点项目，规划对该节点进行了场所活力重塑和产业功能复兴，将保元里、泰安里和汉润里整合为魅力文化商业核心区，并与南侧地块整体形成一条由中山大道至江滩的连续步行游览路线。水塔节点充分利用现有街道开阔空间，通过压缩车行道路、留出步行空间的方式，创造街道中心"步行绿岛"的特色体验，结合规划露天市场引入文化休闲活动，整体打造成"游、购、娱"为核心的特色功能街区。民众乐园节点突出"一街两面，中西融合"的街道空间特色，恢复历史建筑原貌，整治现代建筑立面，引入快时尚消费、线下电商体验等业态，对节点内步行空间进行精细化设计，形成适合行人游逛的步行开敞空间系统和绿树成荫的街道空间。三德里节点旨在把活力和绿色带回里分、带回街道、带回街区，通过保护里分建筑肌理、鼓励开放建筑底层空间、新建街头口袋公园等措施，整合形成连续的公共开放系统，塑造轻松宜人的人行游逛氛围。

3.6　回归人本交通，打造示范性公交街道

规划摒弃传统以机动车通行为主的道路改造思路，变车行优先为步行优先，变交通干道为文化旅游街道，主打"慢行交通"，让城市生活"慢下来"。规划倡导地铁和公交优先的出行方式，采取道路断面精细化改造、区域交通组织优化、配套分流通道和疏解通道建设等措施，确保区域路网平稳运行。对中山大道各段重新分配路权，由南向北按照各段"交通疏解—商业服务—文化旅游"的功能定位，分别划定双向6车道、4车道、2车道等，并开设观光公交线路。

结合国际先进设计理念对街道铺装、交叉口处理、人行过街、道路绿化、地铁出入口等细节进行精细化设计。根据区域交通组织需要，同步调整中山大道周边前进五路、民生路等道路交通组织方式，打通黄石路南延线，改造京汉大道、顺道街、江汉二路等平行道路，提高区域整体路网疏解能力。结合中山大道沿线建设项目，规划建设多处立体停车设施，缓解重点地段停车难问题。优化公交站点、出租车停靠点和公共自行车租赁点的设置，完善交通换乘体系。

4　规划实施

2014年12月，武汉市委市政府召开专题会审查并原则同意该规划，武汉市国土资源和规划局完成规划批复。目前，武汉市政府已成立中山大道景观整治工程指挥部，统筹后续工程设计及施工工作。按照已批复的规划，伍德佳帕塔设计咨询（上海）有限公司正在开展建筑整治工程方案设计，武汉市国土规划局作为技术指导单位将全程参与后续工程设计及施工工作，百年中山大道即将迎来新时代的"繁荣轮回"。

图6　前进一路—江汉路街景立面改造示意

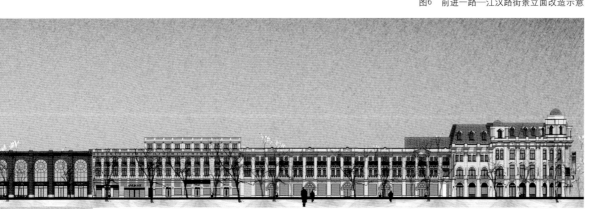

图7　中山大道改造区鸟瞰

文化产业型重点功能区——探索实践

昙华林历史街区启动片规划
Tanhualin Historic District Initiating Zone Planning

1 规划背景

武汉市作为第二批国家历史文化名城之一，具有悠久的历史和丰富的文化内涵。昙华林街区位于具有一千八百年历史的武昌古城内，是武汉市历史遗存最多、历史内涵最深厚、历史风貌最突出的片区。为建设国家中心城市和国际化大都市，武昌区确定了以武昌古城复兴的文化发展战略，着力打造国家文化产业示范园区。昙华林历史文化街区是武昌古城核心片区，成为近期保护更新重点。

2014年7月，在武昌区政府领导下，以武汉市土地利用和城市空间规划研究中心为工作平台，联合伍德佳帕塔设计咨询（上海）有限公司及地茂景观设计咨询（上海）有限公司等国际设计公司，启动了昙华林核心区规划方案设计工作。规划研究范围以昙华林核心保护区为中心，北至中山路，南至戈甲营，西至太平试馆，东至十四中，规划用地面积约12公顷。核心设计范围为昙华林正街与胭脂路交汇处的瑞典教区片、徐源泉公馆、夏斗寅公馆区域，规划用地面积约3.7公顷（图1）。

2 规划内容

昙华林地处武昌古城墙内的花园山北麓和螃蟹岬南麓之间，随两山并行，呈东西走向。东起中山路，西至得胜桥，包括昙华林、戈甲营、太平试馆、马道门、三义村及花园山和螃蟹岬两山之间，全长约1.2公里的狭长地带。

街区地势起伏，环境优美，历史悠久，人文荟萃；聚集了五十多处百年的历史建筑，风格涵盖江夏民居、西式建筑、名人公馆、普通宅院，堪称中西建筑博物馆；集中保存了武昌旧城风貌，真实展现政治、经济、文化教育、宗教民俗等多方面的历史信息，被誉为武汉城市之根，是探索武昌文脉和传承文明不可多得的"实物标本"。

从2003年发现昙华林开始，经过十多年保护和建设，街区在历史建筑保护修缮、建筑高度控制、基础设施改造、景观环境提升、文化产业发展等方面取得了一定的成绩。但同时也面临核心历史文化价值挖掘不够，整体风貌特色不突出，道路交通支撑性不强，文化艺术发育不足等问题。规划从总体空间布局、功能业态、横竖向交通联系、山体保护与利用、历史文化元素运用、建筑风貌、景观设计等方面进行了整体研究，提出了七大设计策略。

2.1　细化街区特色产业功能，策划3条特色文化体验线路

在武昌古城整体功能策划基础上，结合昙华历史文化街区产业发展现状，通过"设计师专业指导，社区居民建议，相关专家研讨"等方式，定量分析业态经营指标、资金平衡、社会效益等因素，提出整体功能布局和业态配比，并细化每栋建筑功能业态（图2）。

策划"山地文化及多元文化建筑体验之旅"、"历史传奇人物故事及其故居体验之旅"和"人文艺术体验之旅"3条特色文化体验线路，定义了街区文化体验的主题性和标志性。

2.2　立足历史风貌研究及立面改造，强化街区历史风貌特色

通过建筑测绘、现场调研等技术手段，对街区整体历史风貌、建筑材料、建筑细节等进行专题研究。结合《历史文化名城保护规范》、《武汉市历史文化名城和优秀历史建筑保护条例》等相关规范要求，确定每栋建筑的保护与整治方式，通过建筑分类整治改造，强化街区近代里分的历史风貌特色（图3）。

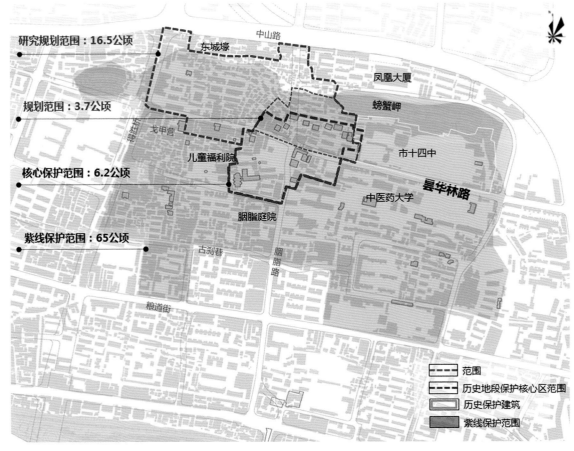

图1　规划范围

零售（手工艺、时尚、纪念品）

餐饮及酒吧

住宿（青年旅社、精品酒店等）

居住

文化教育（书吧、会馆、博物馆、艺术
工作室）

图2 建筑功能业态

图3 建筑风貌整治意向

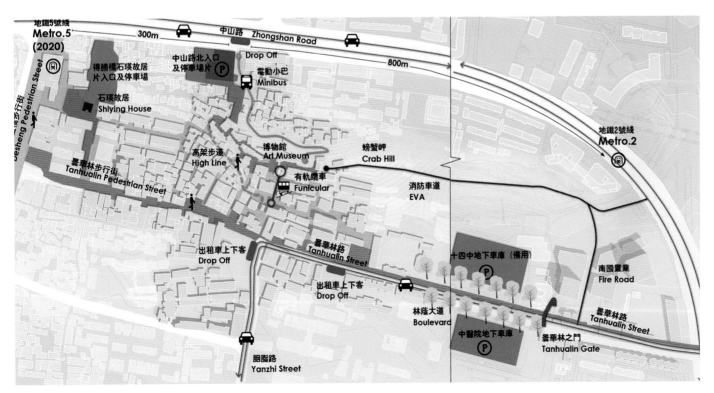

图4 特色交通组织方式

图5 入口景观意向

2.3 设计特色路径和功能亮点，将线型昙华林向片区纵深延展

结合昙华林山丘谷地的用地格局，通过改造激活山坡的瑞典教区，改造利用螃蟹岬山顶现状建筑，引入酒吧、艺术创作、文化展示、混业经营体验式书店等新功能；开辟山体北侧迷你巴士观光路线等一系列措施，将历史信息、文化体验、城市功能整合于多维度立体空间，引导昙华林由正街一层皮开发向片区综合发展转变。

2.4 尊重地形山体，探索特色交通组织方式

结合现状大台阶，设计索道，采用独特设计的山地小火车，连接瑞典教区和山顶城墙博物馆两大节点；改造利用现有环山路，形成连续环山高架步道；开辟螃蟹岬北侧迷你电动巴士路线，连接山顶城墙博物馆和中山路北入口，引导北侧人流进入基地。索道、高架步道和电动巴士等特色微型交通方式，有效解决山地型街区交通问题的同时，创造了独特的景观体验（图4）。

2.5 提炼历史文化元素，营造特色创意场所空间

挖掘武昌古城城墙历史元素，创造性设计城墙博物馆，恢复了场地历史记忆，并重新建立起螃蟹岬区域地标。整治改造山顶现状居住建筑，形成高低错落的酒吧艺术街。保留修复场地植被，设计地域性的林荫大道和雕塑公园；通过一系列融入历史文化元素的设计手法，塑造了整个片区的地标性和独特气质。

2.6　强化门户景观意向，提升领域感与可辨识性

从区域整体入手，梳理出街区中山路东、得胜桥、中山路北、三义村和胭脂路五个主要入口（图5）。采用布局入口广场、建筑风貌整治、景观环境提升、标识牌设置等措施，强化街区主要入口门户景观。

2.7　专项支撑，综合提升交通、市政等基础设施

结合武昌古城传统肌理，构建由城市次干道、城市支路和巷道组成的三级交通微循环系统，解决街区车行交通需求。采用"P+R"模式，结合轨道交通站点、公交站点以及出租车停靠点，以绿地复合地下停车场、学校操场复合地下停车场等方式，在街区外围布局7处大型停车场。制定给排水、电力电信、燃气等专项研究设计，全面提升片区基础设施水平。

3　规划特色

3.1　工作方式方法的创新

首先是建立了"市区联动"的领导机制，包括"市政府、市规划局，区政府和区规划局"等政府部门以及历史、文化、规划设计等领域权威专家，以工作专班的形式，全面负责工作领导和决策。

其次组建了"平台机构+设计机构+配合机构"的联合设计团队。以武汉市土地利用和城市空间规划研究中心为平台机构，联立联合伍德佳帕塔设计咨询（上海）有限公司及地茂景观设计咨询（上海）有限公司等国际设计公司，以及仲量联行、武汉市规划设计院市政所、武汉市房产测绘中心等机构，协同整合规划设计，保证规划设计成果的高水准和可实施。

再者开拓了全过程公众参与的工作路径，运用考察调研、专家研讨、社区访谈、大学生设计竞赛、众规武汉等工作方式，特别是组织大学生设计竞赛（图6），众筹了"根据不同人群运用社会行为学理论设计游线、历史事件串联、增设昙华林北入口及停车场、三山恢复"等设计理念，提高了规划设计的公众参与性和创造性。

3.2　核心历史文化价值挖掘和展现

按照"武昌古城—蛇山以北地区—昙华林历史文化街区—核心区"的结构，全面梳理挖掘街区人文底蕴、肌理空间、历史遗存、文化元素等，明确街区"三山环抱、古城中轴"的整体空间格局，提炼"启蒙革新的教育革命文化中心、昌盛市井的传统城市生活发生地、继承中枢的传统风貌城市核心区、三山环抱的山水园林城市体现地"四大核心历史文化价值，为规划设计定位和思路提供支点。

图6　大学生设计竞赛

3.3 功能、场所、交通创新性再造

规划方案（图7）在延续整体空间格局、街巷肌理、历史建筑风貌的同时，充分发掘昙华林历史文化要素，创新性地提出了多种功能、游线、空间再造措施。明确了每栋建筑保护与整治方式以及功能业态，有效指导了街区下一步保护与建设。

4 规划实施

昙华林启动片规划方案设计已通过武汉市国土资源和规划局、武昌区政府联合终期审查验收，并经过武汉城市规划委员会审议通过。规划设计成果已通过"众规武汉"平台以及"规划进社区"等新方式，广泛征求公众意见。

在规划方案设计引导下，武汉市房产测绘中心正在开展启动片3.3万平方米保留建筑的建筑测量工作，伍德佳帕塔设计咨询（上海）有限公司将结合建筑测量成果进行建筑方案设计。

目前，启动片区已取得"规划选址意见书"，并启动房屋征收工作。武昌区政府已与上海龙元建设工程有限公司初步达成战略合作意向，将采用公私合营"PPP模式"推进规划实施。

图7　规划方案

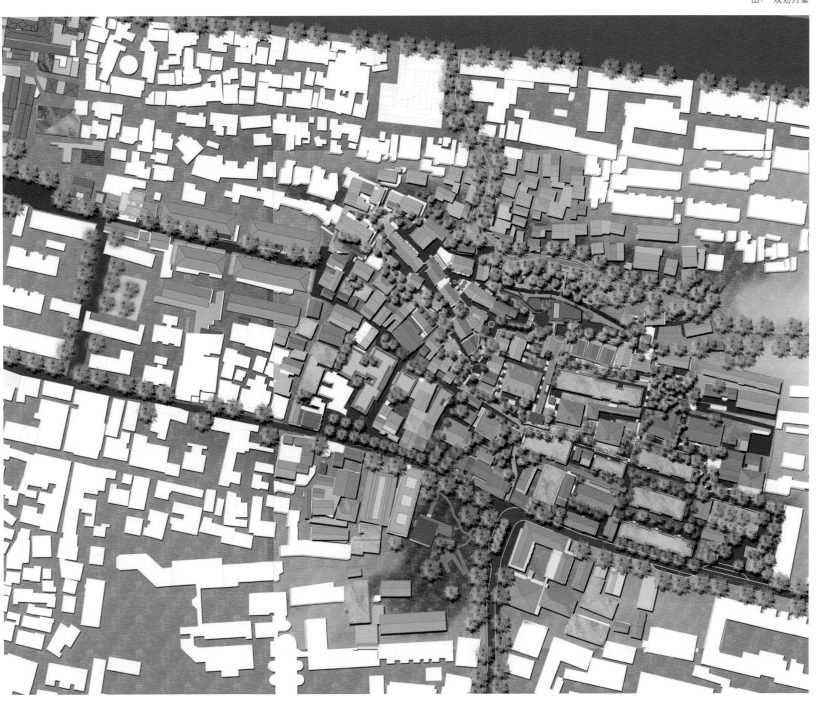

汉正老街保护与改造规划

Hanzheng Street Old District Conservation and Renovation Planning

1 规划背景

根据武汉市委市政府领导工作部署，为保护汉正街的历史文脉，弘扬汉正街老街五百年商业文化，修复再现汉正街商业风貌，留住武汉商业之"根"，指导汉正街沿线的建设，2014年5月由伍德佳帕塔设计咨询（上海）有限公司、武汉市土地利用和城市空间规划研究中心共同承担了汉正老街保护与改造规划的编制工作。规划范围为武胜路以东至友谊南路区段的汉正老街，街道长度1.4公里，沿线规划用地面积约30.3公顷。

2 规划定位

根据汉正街发展历程及现状研究，规划提出尊重历史文脉，延续特质，展现不同时期风貌特色；提升物质环境，品味生活，融入高端都市休闲服务；注重老品牌的重生、老情景的再现，以及历史风貌街区与现代生活的融合，将汉正街建设成为集旅游体验、商贸展示、汉派文化交流功能于一体的"天下第一街"，重现汉正街万商云集的繁华盛景。

3 规划内容

本规划从区段主题策划、特色风貌传承、街巷活力复兴、公共空间塑造、特色交通组织、区域专项支撑等方面进行了整体研究，提出了六大设计策略。

3.1 传承街区历史文脉特质，策划老街分段特色主题

在汉正街区域整体功能策划的基础上，结合汉正老街不同区段的景观风貌与文化特质，打造成由传统走向时尚的多主题街区，全方位展现汉正老街不同历史时期的商业特色和地位。其中，汉正老街西段（武胜路—

利济南路）延续传承"盐商文化"主题，将打造成汉正文化街区，以展现百年老字号、民俗文化、传统美食为主，打捞城市历史记忆；汉正老街中段（利济南路—广福一巷）积极发扬"小商品市场文化"主题，打造引领汉口最时尚风向的汉正市集，在保留原有的小商品市场文化基础上，优化市集形象，进行功能业态升级；汉正老街东段（广福一巷—友谊南路）重振"东方茶港、万里茶道"盛名，以"茶文化"为主题，打造汉正活力街区，将年轻时尚文化与传统会所及茶文化相融合。

3.2　尊重既有历史及特色建筑，展现老街不同时期风貌特征

充分尊重汉正老街发展至今的建成环境，通过数十次现场调研踏勘及顾问专家、文物、房管、规划部门的集中研讨，确定了街区建筑分类保护与整治的原则和具体措施。规划旨在展现街区不同时期的建筑风貌特征，保护修缮明清时期的断壁残垣、民国时期的里分民居，适度复建承载商帮荣耀的会馆公所，保留提升小商品时期的市场建筑，以及改造整治老街沿线的大体量综合建筑。规划秉承文化生态的保护理念，不是简单复制模仿一个老建筑，而是通过精细合理的设计来表达时间和场所，摈弃采用博物馆陈列式的保护方式，更加关注历史建筑的功能活化和积极利用（图1）。

3.3　延续"长街短巷"空间格局，引导街区活力由主街向垂巷拓展

延续汉正老街五百年来"长街短巷、顺街垂巷"的空间格局，以汉正老街主街为脉，由主街及支巷，通过片区建筑改造和整体功能升级，引入艺术创作、文化展示、民俗表演、茶馆戏园等功能业态，将商业文化活力传导至整个"鱼骨状"街巷网络。规划保留整治淮盐巷、泉隆巷、久章巷、药帮巷等老街巷及两侧传统风貌建筑，修复破损屋面墙体，还原建筑原始立面材料，在淮盐巷引入汉纺汉绣、木雕泥塑等手工艺品和文创产品功能，将泉隆巷特色里分改造为大师工作室，在久章巷恢复老字号、名小吃、老民俗、老茶楼等市井生活体验，复兴老街巷的历史风情和生机活力（图2～图5）。

图1　特色老街巷改造示意

3.4 提取场所文化元素，塑造标志节点和特色开放空间

结合汉正街地区的危旧房屋改造拆迁安排，在汉正老街沿线设置大小广场近10个，提取场所典型文化元素，形成不同主题的特色公共开放空间。在老街西端入口设置淮盐广场，结合淮盐博物馆展示，恢复场地历史记忆；保留改造副食品厂老仓库为汉正艺术中心，提升长江大道江汉桥头城市景观形象。在老街中段改造升级传统市场建筑为现代版汉正市集，结合道路转角空间设置汉正观光塔，通过新兴元素的合理运用，塑造片区的地标性和独特气质。在老街东段上河街种植蓝花楹树打造特色步道体验，结合药帮巷石板路设置可驻足停留的小型口袋广场，丰富游客空间体验感受。规划注重街道空间环境品质的提升，在汉正老街全线增加行道树种植，在断面空间相对富余的区域，采取拓宽增加绿化隔离带、种植大型乔木、预留宽阔人行活动空间等措施，使其成为聚集人气的公共开敞空间。

3.5 探索特色交通组织方式，丰富汉正老街人文风景

为进一步营造汉正老街交通特色，提高公共交通服务效能，本次规划提出"电动小巴"的设计理念，旨在汉正老街上打造"电动小巴的汉正街之旅"，使其成为独特的城市风景线。电动小巴路线从利济南路到宝庆街，设站11处，站点距离约100米，小巴专用车道宽度2.5米。小巴可视不同客流情况采用多节链接，运量灵活，低地盘的设置便于乘客上下，使用清洁环保能源，安静便捷污染少。同时建议采取乘客免费乘坐的运营方式，塑造老街特色旅游文化氛围与独特的景观体验。

3.6 加强多渠道专项支撑，综合提升区域交通可达性

规划依托地区系统层面交通专项支撑，通过新建沿河隧道、加密轨道线网、开通微循环公交、接驳轨道站点等方式，极大改善区域交通条件，综合提升汉正老街的交通可达性。结合周边开发项目、公园绿地等复合建设地下停车场，在汉正老街沿线300米范围内布局7处公共停车场，满足地区停车需求。慢行交通方面，尊重地区现存发达的步行网络体系，加密支、微路网建设，通过道路断面精细化设计和景观绿化配置，提升慢行空间舒适度和环境品质；同时依托现有多福路地下人防通道，连接轨道6号线武胜路、汉正街站点，打造风雨无阻的步行通廊。

4 规划特色

本次规划设计创新与特色主要体现在"多层次的保护对象、多维度的价值彰显、多样化的保护利用策略"三个方面。

4.1 多层次的核心保护传承对象确定

规划提出多层次保护和利用历史遗产资源的行动路径，对"空间、物质、文化"等要素提出整体保护的思路。首先，通过对汉正街历史地图的持续演变和对比分析，提出整体保护汉正街五百年来延续的"长街短巷"空间格局；其次，在上位规划已确定的紫线基础上，进一步保护不同阶段的历史遗存，将不同时期的老里分、老厂房、老市场等一并纳入保护；再次，保护"天下第一街"的商业文化，积极延续传承的商帮商会文化、商业休闲民俗、商业品牌名店等非物质文化遗产。

4.2 多维度的历史保护与文化、社会、经济价值彰显

将保护视作依赖于历史文化资源的一种特殊的复兴方式，对汉正老街沿线已有的历史文化资源进行有效

整合，结合各类历史展示、展览和文化、旅游开发活动深化街区各类文化遗存的保护和利用。通过改善外部交通条件、优化用地功能布局、营造特色景观空间以及建设成本匡算等实施建议，最终目的是在传承街区历史风貌、延续历史文脉的基础上实现街区空间、环境、设施配套、社会网络等的全面复兴。

4.3 多样化的保护利用策略导向规划效益综合提升

规划方案（图6）在明确历史文化特色价值的基础上，充分发挥其在整体风貌、建筑形式、功能发展、自然环境等方面的特色引导，将保护内容从建筑遗存扩展到街巷空间及其相关的历史环境和商业文化，提出相应的保护利用策略和措施，注重展示、旅游、商业文化、商务交流等新兴活动和既有建筑空间的结合。注重文化物质载体的保护先行，通过修缮，修复等手段，提升文化载体的功能效益。

5 规划实施

本规划项目于2015年12月通过全国专家会及市政府专题会审查。规划编制工作历时近两年，成果已部分转化实施并服务汉正街的相关工作。

5.1 有效保护历史遗存，配合相关部门确保紫线落位

在项目组的及时反馈和相关部门的积极处置下，规划区内淮盐总局的紫线得以划定，并于2014年12月确定为武汉市优秀历史建筑，瑞祥里历史保护建筑的紫线落位问题得以解决，同时项目组建议新增纳入保护的泉隆巷、久章巷等传统巷道及特色里分建筑得到市区层面的认同并在本次规划中予以落实，规划范围内其他文物及历史建筑也都明确了积极的保护与利用策略。

5.2 积极服务招商需求，指导老街沿线启动地块前期工作

项目编制过程中，积极服务汉正老街沿线的长江食品厂片、三特片、东片等启动片项目，服务汉正街中央服务区办和硚口区的招商需求，积极配合提供招商过程中的规划汇报介绍、现场带队踏勘、技术交流指导和相关沟通服务工作，目前老街沿线地块的招商推介工作正稳步有序推进，汉正老街万商云集的繁华盛景即将再现。

图2　西段——淮盐总局整治意向

图3　中段——汉正整治意向

图4　东段——山陕会馆复建意向

图5　老街分段主题

图6 汉正老街整体改造效果示意

文化产业型重点功能区——探索实践

汉口原租界风貌区青岛路片历史文化街区保护规划

Hankou Former Concession District, Qingdao Road Area, Historical Culture Blocks Conservation Planning

1 规划背景

1861年汉口开埠，在沿江地区建立了租界区。汉口原租界区是"中国目前集'英、俄、法、德、日'等多国建筑遗址于一区的历史名区"，租界的数量仅次于天津，居全国第二位，面积仅次于上海、天津，居全国第三位。汉口原租界风貌区是武汉市经济、社会发展的重要地区，也是城市历史风貌保留较为完整的区域，集中体现了汉口自开埠以来的城市发展历程。

青岛路历史文化街区是汉口原租界风貌区四大历史文化街区之一，位于原英租界范围内，也是汉口原租界风貌区中建设最早的区域。现存历史遗存既有汇丰银行、保安洋行等华丽的公共建筑，又有咸安坊等尺度宜人的里分建筑，整体历史风貌保存较好。2008年底长江隧道贯通，同时美术馆的建设都给该片的保护与发展带来了新的挑战，为明确该地区的保护与发展的方向和实施计划开展本次规划。规划范围东起天津路、南至沿江大道、西达青岛路、北抵中山大道，总用地面积约为17.75公顷（图1）。

2 规划理念

规划方案基于保护性更新的思路，在大量基础调研和研究工作的基础上，进一步落实对城市历史风貌的保护，并从保护与更新的角度出发，展开城市特色、交通组织、功能策划、实施机制等专题研究。规划理念包括：

（1）记忆的载体——以历史风貌保护为首要原则，构建历史文化生态保护体系，凸显城市历史文化风貌，展现城市最具魅力和文化内涵的特色景观。

（2）文化的新生——通过产业结构的调整，促进文化产业的发展，增强历史文化街区的造血功能，将现代化生活融入传统街区的发展中。

（3）活力的街区——强化历史文化街区多元混合的特征，以丰富而有变化的空间、多样的场景创造富有活力的城市空间。

（4）步行的天堂——以交通需求管理为导向，通过控制区域交通出行量，新建和完善交通设施，平衡交通需求矛盾，增加公交吸引力，构建以步行为主的和谐交通体系。

3 规划定位

通过综合分析整体功能业态，针对汉口原租界风貌区四大历史街区形成差异化的功能定位。

充分利用长江隧道和美术馆等重大设施的建设为发展契机，彰显历史文化风貌特色，将青岛路片定位为具有浓郁艺术与文化气息的，融文化创意、商业金融、旅游休闲等多功能于一体的历史街区（图2、图3）。

4 规划特色

4.1 深入挖掘区域文化内涵，创新历史风貌保护体系与保护方法

以城市特色专题研究的形式强化对历史文化内涵的深入挖掘，一方面通过对汉口原租界风貌不同租界区历史文化的研究，明确青岛路历史文化街区的历史发展进程和文化特征，同时从区域的角度对文化旅游进行了整体的盘点，另一方面通过专家咨询等形式对青岛路历史文化街区内建筑的历史价值进行了考证，为保护奠定了良好的基础。

规划从单栋建筑以及街区现状调查入手，通过详尽的现状调查，对每栋建筑进行逐一编号，普查内容包括建设年代、建筑结构、风格特征、使用状况等。同时，在现场调查的基础上，大量查阅史料，并走访历史学家等。在掌握了一手资料的基础上，通过建立科学的评价体系，并辅助GIS的手段实现对建筑综合性评价。在保护名录的基础上将具有相当保护价值的11栋建筑以及1处里分定为历史建筑，结合保护名录建筑划定历史街区的保护范围和建设控制地带，并明确保护要求。通过完善和细化保护规划的保护紫线，进一步落实对历史街区整体风貌的保护（图4）。

4.2 强化对空间肌理的综合控制，适应于城市发展的空间需求

青岛路过江隧道工程的建设给这片历史街区带来了影响，保护规划面临着两个重大问题：一是工程建设拆迁了部分原里分建筑，留下了较大的空地，二是很多原位于第二线的建筑成为主要的看面，残破的建筑急需整治。

规划积极探索应对空间转变的方式，以适应长江隧道工程的变化：一是利用隧道的开敞面形成广场系列，创建适应于历史街区的步行通道，并打通与长江的空间联系。二是通过研究传统空间，制定适合的街巷类型，一方面对新形成的公共空间控制开敞度、完善界面，另一方面控制传统的里分街巷系统和空间尺度，保证历史风貌的延续性。三是引入文化生态修复的理念，通过类型学的归纳，从研究该区域原有肌理出发，

图1 规划前鸟瞰图

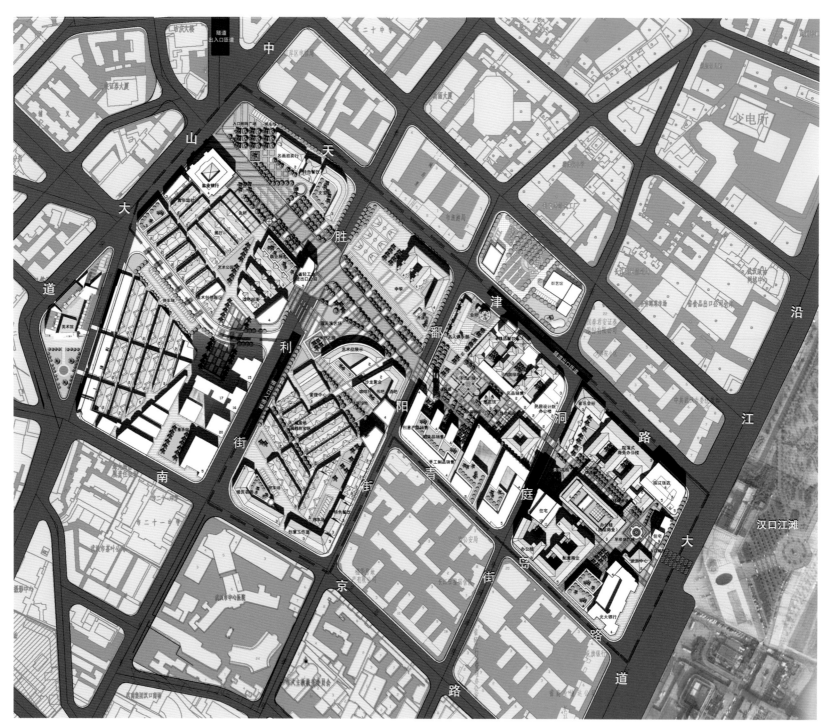

图2 规划总平面图

图3 规划整体鸟瞰图

建立适应该区域的肌理原型模块库，综合运用修复遗存、填补肌理、整合区域、归并功能等手段对各街区进行设计（图5）。并通过将这些修详成果等转化为控制导则，采取强制性的历史风貌保护导则与引导性建设导则相结合的方式，实现刚性与弹性的结合、变静态控制为动态控制，形成了与规划管理衔接良好的管控方式，指导下步建设。

4.3 侧重街区保护性更新，引入功能策划，形成作为面向实施的规划成果

在保护的基础上，立足于历史文化街区功能的调整，使其适应现代化生活的需要。通过借鉴功能策划成果，结合该区域自身特点，进行了功能更新的专题研究，避免因传统保护规划单一的保护而带来历史街区的衰退，激发街区活力。

首先从区域功能策动出发，通过综合分析整体功能业态，针对汉口原租界风貌区四大历史街区形成差异化的功能定位。同时规划延续历史街区功能混合的特征，通过对现状部分土地的功能置换，以主导功能带动街区多样化的发展，使得老街区焕发新的活力。根据各地块现状，规划形成"一带四区"的主题分区，"一带"是指利用隧道拆迁形成的城市漫步区，建设汇丰广场、鲁兹广场、咸安广场、同丰广场四大文化广场。"四区"是指四大主题街区，包括财智洞庭商务区、风尚鄱阳商贸区、悠憩咸安居住区和创意同丰艺术区。其中财智洞庭商务区以汇丰银行和亚油等历史建筑为出发点，将该区域建设为以商务办公为主导的综合区域；风尚鄱阳商贸区以平和打包厂、鲁兹故居、东正教堂等历史建筑为特征，将该区域打造成为创意商品销售为主题的区域；悠憩咸安居住区以咸安坊为主，配建中学以及相关服务设施，形成别具历史文化气息的居住区；创意同丰艺术区以美术馆为核心，建设美术馆街区，形成创意产业的聚集地和艺术家的村落。

通过对前期多轮相关规划的反思，针对难以实施的问题，本次规划增加了实施机制的专题研究，通过对国内外相关案例的大量研究，提出了"政府主导、市场运作、市民参与"的操作模式，并进行了经济测算和分期开发的具体工作，保障了该规划方案的可实施性。

4.4 引入建设导则，将规划方案转向规划控制，实现动态规划管理

为加强对历史文化街区规划管理与控制，规划在方案的基础上在编制内容上突破传统保护规划，引入建设导则的形式以及三维城市虚拟技术，与规划管理相衔接。将修建性详细设计成果转化控制导则的形式。采取强制性的历史风貌保护导则和引导性建设控制导则相结合的方式：（1）对于历史风貌起着至关重要的要素，如保护范围、建筑高度、建筑风格、体量等要素等进行严格控制。其中建筑高度是历史街区整体风貌保护中尤其需要严格控制的要素，也是建筑强度控制的根本保障。规划根据历史建筑的高度确定周边街坊建筑高度，并通过沿街建筑等因素适当修正，保障了历史街区整体风貌。（2）对建筑功能性质、建筑风格等进行灵活的引导，控制鼓励历史街区多样混合的发展特征，如重点控制公共设施和绿化用地等，对其他公共设施用地控制大类；对新建建筑风格控制主导风格，并提供样式、材质、色彩等的指导模块。

5 规划实施

2008年7月规划成果获得市政府的正式批复。多年来，由江岸区政府主导完成了对部分历史建筑的修复工作，同时启动了环境的综合改造，集中修复隧道工程带来的拆迁创面，通过街区品质的整体提升带动街区整体改造的实施。另一方面，基于规划方案的建设导则及三维城市虚拟已运用于规划项目的审批中，实现了动态的管理。2015年6月青岛路片ABCD地块挂牌出让，由摘牌企业正式开启了街区的实施工作。

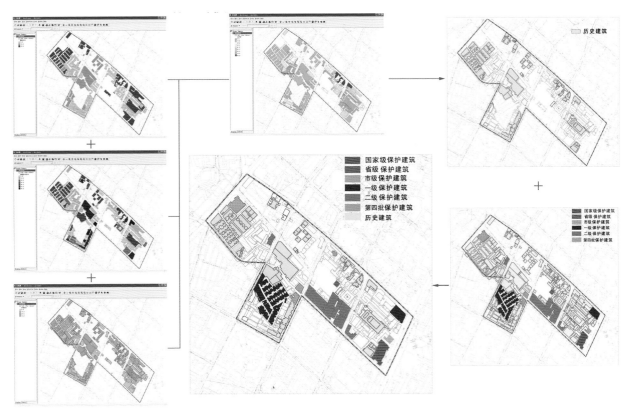

图4　历史建筑评价

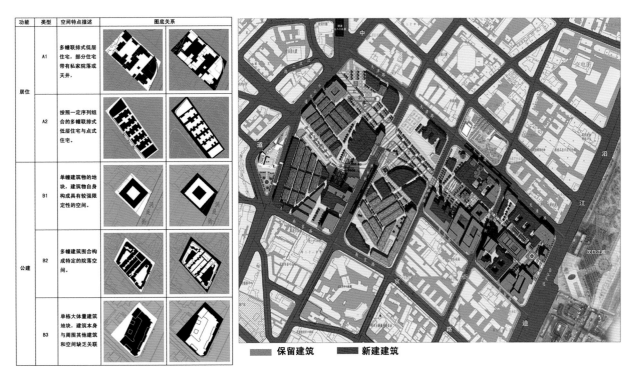

图5　空间肌理的修复

文化产业型重点功能区 —— 探索实践

归元寺片旧城更新规划与设计

Guiyuan Temple Urban Regeneration Planning and Design

1　规划背景

　　为了加快武汉市国家中心城市的建设，落实武汉市政府提出的要保护好、利用好、开发好归元禅宗文化的精神，进一步做大归元宗教文化品牌，彰显旧城历史文化特色，提升武汉城市功能和文化品位，2013年4月，汉阳区委区政府与市国土规划局共同启动了《归元片地区旧城更新与城市设计》的编制工作。本次规划范围以归元寺为核心，东至长江、西至杨泗港铁路专用线，北至京广铁路，南至拦江路，共2.6平方公里（图1）。

2　规划定位

　　两江交汇的归元—龟北—月湖地区是老汉阳所在区域，也是汉阳传统文化的主要承载地，有着琴台剧院等一批市级文化中心。归元片地区将作为佛文化及汉阳古城文化产业区，与龟北、月湖、南岸嘴地区一起，共同构成世界级文化中心。汉阳打造中央文化区，将成为城市、产业创新发展，实现区域综合价值的战略引爆点。因此深入挖掘汉阳文化的价值内涵，通过文化符号、体验、精品、产业化手段等，实现其文化价值成为归元片的设计核心，最终将归元片定位为中央文化区，使其成为最深厚之文化传承、最活力之文化创新、最宜居之生态环境。

3　规划内容

3.1　功能策划

　　规划结合旧城风貌的建设，强化钟家村的城市商业服务中心的职能，并通过西大街延伸旧城风貌区传统商业街区，结合归元寺宗教文化旅游功能，发挥归元寺宗教文化旅游中心的作用。因此，本片区以文化观光功能为基础核心，主要营造地方文化特色与观光体验，借由人潮、钱潮活络地方文化积累与经济效益，创造财富与就业机会。例如旅游内容策划服务（旅行社），历史及智能传递（专业领队及导游），旅游住宿提供（观光旅馆，一般旅馆，民宿）等功能；除了主导产业，以核心产业为应用基础的外围文化观光产业则以旅游、体验、交易消费为动机；引入餐饮业（餐厅、地方小吃名产）、交通服务（客运公司、船运及航空）、工艺、音乐、舞蹈、戏剧、文学、视觉、纪念品等文化活动之旅（图2）。

3.2 旧城更新的佛文化产业体系植入

归元片旧城的发展源于文化，其片区的灵魂是文化，而文化又往往落影到片区的产业上，因此整个归元片旧城改造应当在原有文化基因的基础上进一步强化其影响与特征，依托文化将本片区产业体系整合，形成片区乃至城市的品牌与名片（图3）。

图1 街巷格局图

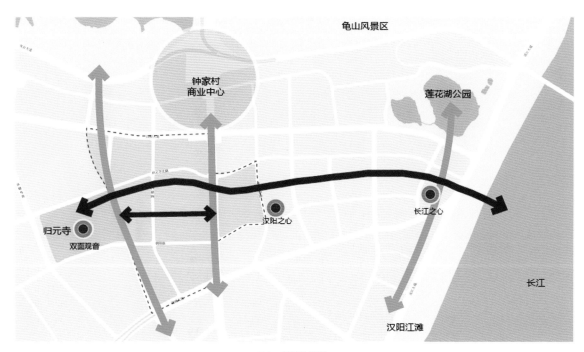

图2 规划结构图

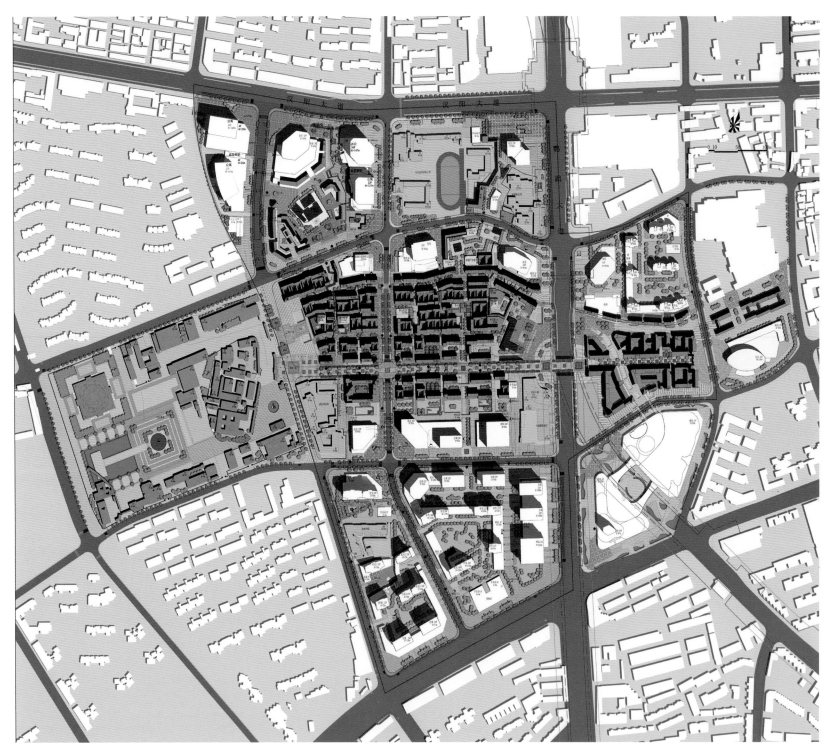

图3 规划方案平面图

依托归元寺的传统佛教文化，本次规划聚焦佛文化的产业体系。通过学习台湾地区及日本佛文化产业发展的经验，本片区佛文化的产业体系植入与构建可依托以下十个方面：（1）佛法公益产业化形成慈善基金会、慈爱安心站；（2）佛法科技产业化引入环保科技企业；（3）佛法媒体产业化打造佛文化动漫馆、互动多媒体展馆；（4）佛法艺术产业化吸引众多室内小剧场、佛艺品馆、古乐坊、画廊；（5）佛法文创产业化引入手艺禅体验馆、艺拓国际体验展馆；（6）佛法网路产业化即引入互联网+的虚实相合佛文化商店；（7）佛法绿色产业化打造人间环境惜福馆、人间幸福有机馆；（8）佛法教育产业化建设佛文化书院、慈心华德福幼儿园；（9）佛法商业产业化打造素食坊、阳明春天、公平贸易、无印良品、二手古物商行等；（10）佛法体验产业化引入城市户外剧场、城市舞台、祈福天灯馆、岁时节庆主题馆等等。

3.3　旧城肌理与空间结构分析

为了将引入的佛文化产业体系更好地落影于归元片传统文脉空间肌理之上，本次规划重点研究了归元片的旧城空间肌理与空间结构，通过挖掘汉阳旧城历史发展脉络，研究以建筑物为主的实体空间以及以街巷、广场、里坊为主的虚体空间，提炼出独具湖北特色的鱼骨状空间肌理模式，即以主街道为骨架，两侧巷道呈支状拓展，形成层次分明、脉络清晰的鱼骨巷格局。

3.4　方案设计与平面布局

规划拟通过旧城风貌轴向东连接汉阳旧城风貌区与长江汉阳江滩，向北联系莲花湖公园和龟山—南岸嘴景区，西面连接月湖文化主题公园。在现有资源下提出从归元寺向西到长江形成"一寺一道，一街三塔"的格局，其中一寺为归元寺，一道为祈福大道，一街为西大街，三塔为双面观音、汉阳之心、长江之心，共同与龟山、月湖、晴川阁等构成兼具自然与人文特色的汉阳的中央核心文化区。

启动区全区规划以归元寺为核心，向着长江以善文化为内核向东发展。归元寺以东设置祈福大道，强调其文化内核，通过轴线、广场的布置强化这一理念。历史街区西大街和显正街的历史脉络的保留及延续，及标志性的中心三塔，不断地强化完善"善"文化的主题，实现"善"文化与城市发展多元价值相融合，实现民政企共荣。大归元片区将集华人文创之力，共筑城市发展内核；分期体现"善"文化的过去、现在和未来主题。

整体空间框架围绕着"一道一街"展开，在西大街与翠微路之间通过力士保留的串接形成传统街巷格局，西大街以北为城市生活区，翠微路以南为生活服务区。"一道一街"的东西两端是城市广场，西侧结合归元寺寺门形成祈福广场。东侧结合童贞圣母修女会形成一面向鹦鹉大道的城市广场。在西桥路与归元寺北路及朝阳路交叉口形成城市开放空间，整区形成两轴四核心的城市架构。

3.5　节点与主要公共空间设计

整个核心区的空间设计以传统街巷肌理的打造为主，同时在核心区两侧逐步向外围递增建筑高度，对传统保护片区有效保护的同时增加土地开发价值；片区分为善文化、荆楚文化、天主文化、佛文化、市井生活文化等公共空间设计节点。

3.5.1　善文化空间节点

西大街保留原始的脉络肌理，线性的步行动线与中心广场结合设置，在封闭空间中创造局部开敞的视觉走廊；结合建筑空间的设置，形成广场开敞空间与步行线性空间的空间序列；结合历史保留建筑形成商业景观步行开放空间，局部沿街角形成放大节点。祈福广场通过院墙的围合，让归元寺的庆典仪式活动延续到城市中，使善文化在这个区域绽放成为一幕幕栩栩如生的事件，丰富城市的历史。

3.5.2　荆楚文化空间节点

对称突出轴线的手法，在空间上使人们汇聚在一起，让人们进入某种对荆楚文化所感染的情感状态。连续性的空间，具有强烈的向心性。祈福大道联结东侧汉阳之星、西侧归元寺之重要节点，业态以文创、文化品牌、艺术中心为主轴，由东西两侧开放广场来导引人流至祈福大道，保留局部历史立面元素，创造新式商业景观不行开放空间（图4）。

3.5.3　天主文化空间节点

结合现状建筑，对城市中开放、形成绿色的休闲娱乐城市广场，是展现文化多元的舞台，是都市人释放激情的时尚中心。圣母院是该区域建筑风貌最完整的建筑，现状周边是住宅楼，入口在翠微路上与住宅区的动线重合，环境嘈杂。以最低限度干预为原则，不对建筑做任何的改动。将圣母院向整个城市开放，使其成为鹦鹉古树大道上一处不可或缺的亮丽风景（图5）。

3.5.4　市井生活文化

传统的单元+嵌入公共空间，形成汉阳独特的市井生活文化空间，成为一个绿意盎然的城市会客厅（图6）。

3.5.5　佛文化

对传统建筑的尊重是归元片历史文脉格局中重要的组成部分。铁佛寺的保护原则是完善功能保护的原则，现状铁佛寺寺区环境较差，与周围现状的住房毗邻，没有自己的寺门。规划中重新划定了铁佛寺的范围，创造一个好的寺院环境。周边新建的建筑群在功能及空间形态上与铁佛寺保持一致，在该区形成禅文化园（图7）。

3.6　交通市政专项规划

规划片区形成三级换乘枢组体系——以钟家村地铁站为核心的公交枢组体系，以其余四个轨道交通站点和公交首末站为核心的换乘中心站、过境公交线路之间交汇的一般换乘站；同时形成以快速大容量公交为骨架、公交快线（专用道）为支撑、次级干线和支线为补充的四级公交线网。规划的公交系统300米公交站点覆盖率占片区总面积85%以上。

结合上位规划的轨道交通和快速公交BRT系统——在这3条大容量公交通道的基础上进一步增强规划片区的公交供给。沿片区主干道增设公交专用道，形成"两横两纵"的公交专用道体系，并为后续的接驳调整预留可能。保留片区东侧拦江路上现存的公交首末站，并在动物园路利用原有的预留场地设置一处公交首末站，提升片区西侧的居民公交出行便利性。

3.7　建筑设计意向与城市风貌控制

规划的指导思想为既能体现古都的环境特色和传统文化特征，形成自身相对完整的传统公共活动中心，又要成为现代城市的一个有机组成部分。在设计中，延续湖北武汉多民居聚居以及多文化交融的特质，复原再现移植具有强烈特色的民居建筑形式，延续悠久的耐人寻味的历史文脉。保留现有城市空间、与建筑制式，根据现状所归纳的建筑特点，确定该区主要采用天井、院落来联系与组合建筑各功能部分，局部采用较为轻盈的空中连廊、外部廊道进行交通组织。同时采用小的内部空间尺度进行内部分隔，与街巷、历史建筑尺度相协调。新建建筑的门传形式运用湖北民居中的一些优秀的门窗形式。对于新建的非坡顶建筑则采用现代建筑语汇，进行古典元素的提炼，达到与传统建筑的"形似"与"神似"。在综合性程度很高的综合生活街区，能集中地满足民众的各种娱乐及生活需求。高耸、宏大、前卫的建筑形象设计丰富城市天际线与视觉印象。在控制建筑天际线的同时，也注意建筑的沿街退让、远近结合。旨在形成凹凸有致，富于变化的空间界面。根据当地居民的生活习惯及地理特征的形式因地制宜的布置建筑体量与空间。结合老建筑进行加建，建筑风格较为现代，采用现代处理手法，进而突出其他片区老建筑与整体传统风貌，形成异样的视觉享受与空间体验。

4 规划特色

4.1 编制组织

本规划在编制过程中创新组织模式，采取城市重点功能区"2+2"的工作模式，在国内外30余家知名设计机构中选定台湾李祖原设计事务所与武汉市规划院共同合作开展规划编制工作。在规划编制过程中，武汉市国土规划局与汉阳区政府建立了市区联动的工作机制，多次通过召开联审会、专家咨询会，以及赴台实地考察等方式进行技术方案指导。同时，武汉市国土资源和规划局与汉阳区政府及武汉市政府重点办联合成立汉阳归元片地区旧城更新规划实施工作指挥部，负责领导、统筹规划实施工作。

4.2 规划成果

在规划编制中，规划结合城市历史街巷肌理和广场、里坊等虚体空间，形成了"一寺一道，一街三塔"的城市空间景观意向（图8）。

4.3 实施保障

在具体的操作管理和运营上，规划改变传统的项目运营机制，引入产业策划、规划设计、招商引资的一体化设计模式，成为该项目的一大创新和亮点。

图4 荆楚文化空间意向图

图5 天主文化空间意向图

图6 市井文化空间意向图

图7 佛文化空间意向图

图8 善文化空间意向图

文化产业型重点功能区——探索实践

武汉市"八七"会址片历史文化街区保护与利用规划
Wuhan August 7th Meeting Site Historical Culture Block Conservation Planning

1 规划背景

武汉市是国务院公布的第二批"国家历史文化名城"之一，历史积淀深厚。江岸沿江地区是历史上"五国租界区"，历史风貌保留较为完整，集中了汉口地区主要的历史街区；也是武汉市经济、社会发展的重要地区，集中体现了汉口自开埠以来的城市发展历程。"八七"会址片位于原英、俄、法租界范围内（以俄租界为主），是汉口原租界风貌区"四大历史文化街区"之中历史文化资源保存最为完整、文化类型最多样的街区之一，也是武汉市总体规划确定的拟申报的五处历史文化街区之一。历史街区的保护与利用是"建设国家中心城市、复兴大武汉"的重大举措。2012年7月，根据市委、市政府关于加快推进武汉市历史街区保护利用的指示精神，按照江岸区政府提出的未来五年实施安排，启动"八七"会址片的改造，开展本次保护与利用规划。规划范围北至车站路和蔡锷路、南至天津路、西至中山大道、东至沿江大道，用地面积43公顷（图1，图2）。

2 规划定位

规划围绕红色文化、中俄茶叶贸易线路主题，营造体验老汉口多元文化及多样生活的城市特色空间，打造汇聚红色教育场所、街头博物馆、名人故居等功能为主导的独具俄式风情的国家历史文化街区、全国爱国主义教育示范基地、原租界区博物馆聚集区。

3 规划内容

以保护为基础，保护街区历史原物的真实性，按照"原真性、整体性、可持续性"原则进行规划设计。以实施为导向，建立可操作性的实施项目体系，按照多元实施主体进行务实规划。

3.1 优化布局——形成"一纵两横，两心三区"的总体布局

"一纵两横"——黎黄陂路、胜利街、洞庭街。对黎黄陂路局部路段及珞珈山街进行步行化改造，将其

图1　规划范围

图2　现状鸟瞰

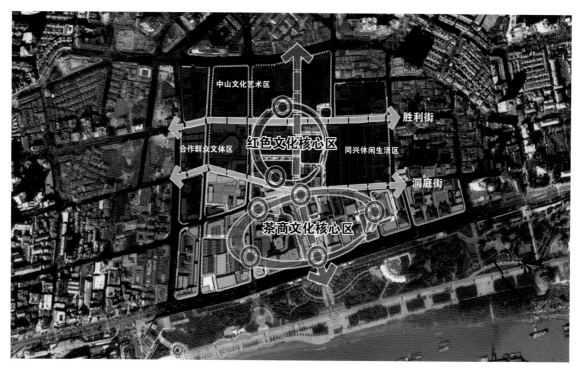

图3 规划结构图

图4 顺丰茶栈旧址现状

图5 顺丰茶栈旧址整治后

图6 历史展示
（中共中央机关旧址博物馆）

打造为体现原俄租界风情的国家历史文化名街。对胜利街、洞庭街轴线进行街道景观提升，将打造为串联五国租界的时光轴与漫步历史老街的游赏道（图3）。

"两心"——红色文化核心区与茶商文化核心区。红色文化核心区，以中共中央机关旧址、"八七"会址与珞珈山街区为核心，打造革命教育基地、文化旅游目的地。茶商文化核心区，依托巴公房子、顺丰茶栈、邦可花园等茶商遗迹，形成体验万里茶道的沿江商贸文化区域（图4~图8）。

"三区"——同兴休闲生活区、中山文化艺术区和合作群众文体区。

3.2 文化复兴——通过整合资源、保护文化、彰显历史，创造独具魅力的文化地标

充分尊重历史、延续城市肌理，通过划定历史街区与历史建筑的紫线，强化历史地段及历史建筑的分级保护，凸显城市文化特色。整体保护街区格局和环境风貌，通过建立街区的文化地图，打造红色革命文化游、租界遗存风貌游等五条特色鲜明的旅游线路；通过分级分类方式对文化要素进行"场所、标识或视听"等方式再现，保护物质文化遗产与非物质文化遗产的整体性。

3.3　经济振兴——通过调整用地、产业升级、优化布局，创造拉动经济的发展契机

通过土地的复合利用、城市功能的优化引导街区产业升级，建立多元化的产业结构，带动旧城的经济复兴。根据功能定位及产业引导，对用地布局进行优化调整，在现状地籍的基础上划分地块，从"地块尺度"上对用地性质、混合性和兼容性进行深化细化。根据规划定位及用地布局，腾迁部分居住，提高公共设施用地比例及混合用地比例，以满足现代生活的需求（图9）。

3.4　空间再兴——通过塑造主轴、完善空间、疏通网络，创造传统中心的公众回归

提高交通可达性与舒适性，完善路网体系构建特色交通系统，调整道路断面构建通畅交通环境。延续传统特色巷道、骑楼、过街楼等街道空间，引导街巷空间由半封闭式走向开放式。营造以人为本的公共空间，以俄式风格为主导，对道路绿化、绿化节点及公共空间所进行完善，塑造特色活力场所。围绕黎黄陂路局部路段及珞珈山街轴线进行步行化改造，将其打造为体现原俄租界风情的国家历史文化名街，展现该片区的核心魅力空间（图10）。

3.5　行动规划——因地制宜，建立面向实施的行动规划

针对历史文化街区产权复杂的特点，转变传统老城区腾迁改造的思路，以"土地权属基本不变"为基本原则，提出"总体策划＋实施项目库＋重点地块设计"的行动规划，明晰事权职责，通过规划引导带动居民及相关单位进行自我更新。从功能业态、市政交通、空间景观等方面对街区进行总体策划；通过五大工程（拆迁腾退、建筑整治、业态提升、景观绿化及基础设施工程），对实施项目库进行分项指引；对若干个重点地块建立图则，引导不同实施单位按照规划实施。

4　规划特色

本次规划设计创新与特色主要体现在"现状调查、规划设计、控制体系与实施体系"四个方面（图11）。

4.1　通过技术创新进行扎实细致的现状调查，打造基础信息平台，树立标杆

首先对现状进行细致调查，以保护为原则，采用逐栋"拉网式"建筑普查对现状建筑（341栋）进行调查，建立翔实的数据档案库，为规划工作提供基础依据；其次运用"结构方程模型"（城市环境与文脉构架

图7　黎黄陂路步行化改造前　　　　　　　　图8　黎黄陂路步行化改造后

图9 实施项目库分项指引（景观绿化工程——夜景亮化）

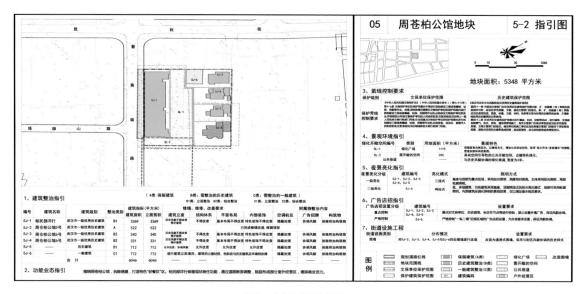

图10 重点地块设计图则

下的历史建筑价值挖掘与评估）等科学的分析手段，建立多指标系统评估体系，充分提取原始变量中的有效信息，保证评估客观性，科学甄别出一批具有相当历史文化价值的历史建筑；再次进行多方校对审核，采用街头随机与网络调查相结合的问卷调查方法(共完成问卷410份，有效问卷340份)鼓励公众参与，采用历史地图与历年航片图相结合的分析方式加强校核历史信息。

4.2 以文化为导向进行有的放矢的规划设计，实现整体性保护，传承文脉

首先对文化遗产进行"多重再现"，以文化为导向，规划侧重对历史街区的整体性保护，基于翔实的基础信息平台，采用"文化九宫格"指标体系对物质与非物质文化遗产进行分级分类，形成历史街区的"文化地图"。同时引入旅游策划，针对不同等级文化场所或单位通过实体再现、标识再现、视听再现等方式进行再现，实现对历史街区的整体性保护与传承。

其次对新旧风貌进行"拼贴拟合"，以传承为起点，通过对历史地图和影像图的解读分析，从街道空间、街廓空间、第五立面等方面对街区肌理进行研读，总结街区发展历程。在此基础上，通过梳理和置换对街区进行有机更新，在街区风貌的"延续性"和"拼贴性"之间取得平衡，实现"历史舞台"和"现实生活"的有机融合。

4.3　已实施为导向建立衔接管理的控制体系，落实规划要求，指导实施

首先通过建立"虚拟模块"模型，对历史地段更新模式进行研究，确定了"整存零取、整存整取、合并存取"三种地块更新模式；其次对地块划分兼顾产权，在满足上位规划要求和兼顾现状产权(257个地籍)的基础上，结合其他相关要素，建立以"地块"（77个）为基本单元的规划控制体系；再次引导兼容并蓄的街区功能，在满足上位规划的前提下，顺应历史城区用地复合多元的特点，增加混合用地和用地兼容性，引领城市功能更新；最后采用"分级分类"的指标管控，针对特殊情况，确定符合历史地段特点的地块强度指标方法，延续城市特色风貌。

4.4　通过经验借鉴建立因地制宜的实施体系，指导实施项目库，便于操作

首先建立"三位一体"的实施体系，在保护规划的基础上，建立了总体策划、实施项目库及重点地块设计三个层次的实施体系，划定了分期开发的时序与范围，分期进行了经济测算，保障了该规划方案的可实施性。从功能业态、市政交通、空间景观等方面对街区进行总体策划，通过"五大工程"（拆迁腾退、建筑整治、业态提升、景观绿化及基础设施工程）将规划落实到实施项目库层面。以保护风貌优先、提升环境优先、基础设施优先、综合效应优先为基本原则，先期启动核心区的建设，带动整个区域的复兴。针对核心启动区，通过包装若干个重点地块，具体指导规划实施。

其次提倡因地制宜的操作模式，针对历史街区保护规划难以实施的问题，本次规划增加了实施机制的研究，基于对武汉市历史街区已实施项目的经验总结与反思，借鉴国内外成功案例，提出"政府主导、市场运作、市民参与"相结合的操作模式。改变单一由政府主导的实施模式，以多元化的实施模式促进街区活力自发生长及有机更新，提高公众参与程度和发挥民间机构的作用，满足改善街区条件的需求，实现最原生态的保护。

5　规划实施

本规划已由江岸区政府为主导开展以政府主导的相关实施工作，目前已开展部分历史建筑的保护修缮、景观绿化改造、市政管线改造等工程。同时在江岸区政府组织下有步骤地推进了相关权属单位及居民在规划指导下开展实施工作。

历史建筑整治——已完成对"八七"会址、宋庆龄故居、信义公所、泰兴里、裕民部洋行、胜利街205号等历史建筑的整治，目前正在实施中共中央机关旧址纪念馆、万里茶道博物馆等历史建筑的保护修缮。

街区环境整治——已完成对沿江大道的整治工程，正在进行中山大道环境整治工程，黎黄陂路街道、珞珈山街游园等公共空间景观绿化改造以及市政管线改造等基础工程，已初步形成实施效果。

功能业态提升——在区政府组织下有步骤地推进了相关权属单位及居民在规划指导下开展实施工作。黎黄陂路、胜利街、泰兴里沿线已有多家商铺在规划协调下完成了空间自主修整及业态提升。

目前黎黄陂路作为江岸区街头博物馆已经成为武汉市汉口原租界风貌区的重要展示区域，本规划作为武汉市探索历史文化街区精细化保护管控工作的新范例，取得了很好的社会及经济效益。

图11 整体效果图

绿色生态型
重点功能区
Green-ecological Key Functional District

绿色生态型重点功能区——研究思考

武汉市基本生态控制线内农民住宅用地与建筑管理研究

Study on Peasant Residential Land and Construction Management in Wuhan Basic Ecological Line

【摘要】基本生态控制线是基于保障城市基本生态安全，维护生态系统的科学性、完整性和连续性，防止城市建设无序蔓延的原则进行划定的。当前我国越来越多的城市划定基本生态控制线，基本生态控制线内特殊群体农民——的住房建设成为的重要关注点之一。如何处理生态保护与农民建设发展的矛盾，在保证生态线"严格"控制的大前提下，引导农民宅基地和住宅建筑的合理有序，要求在城市生态建设初期，制定完善的管理政策、措施与机制。本节结合武汉市基本生态线划定对农民住房建设管理的实际情况，提出基于规划先行、集约节约、保护生态、以人为本原则下的几大控制管理建议。

Abstract: The set of basic ecological line is to protect urban ecological security and to prevent urban sprawl. In the current times, many cities in China has set basic ecological line, therefore, management of peasant residential land inside basic ecological line becomes a planning focus. In order to solve the problem between ecological protection and peasant construction, we need to build a sound management system including policies, measures and mechanism. Based on current reality, this paper has proposed suggestions on management of peasant residential land in the principle of ecological protection and human-oriented.

1 基本生态控制线内农村居民点建设方向判断

1.1 严格的生态保护要求

2012年5月1日，《武汉市基本生态控制线管理规定》（市人民政府第224号令）正式施行。武汉市委、市人大、市政府高度重视224号政府令的落实情况，要求将基本生态控制线作为维护城市生态安全格局的"铁线"，防治城市建设无序蔓延的"红线"，遏制违法建设的"高压线"，打造美丽武汉，提高市民丰富指数的"生命线"。

在基本生态控制线内农村居民点的去留问题上，224号政府令体现了生态保护要求的严格，提出"生态底线区内的原农村居民点除历史文化名村或者其他确需保留的特殊村庄外，应当逐步在生态底线区外进行异地统建"。通过腾退原农村居民点的方式恢复土地生态功能保障城市基本生态安全，这意味着基本生态控制线划定后，基本生态控制线内绝大部分原农村居民点须搬迁出去，仅保留少量历史文化名村，新增住房建设活动更是属于严格禁止的范畴。

1.2 大量的农村发展需求

基本生态控制线内严格保护是终极目标，但是实际保护建设过程中存在极大的困难。以深圳市为例，2005年，深圳在全国率先划定"基本生态控制线"，并以管理规定的形式立法实施，为我国基本生态控制线内建设工作提供了宝贵经验。但从目前发展现状来看，严格的控制要求对线内旧村、旧工业区的未来发展、更新等带来较大限制；由于缺乏直接经济利益，多数既有项目业主整改积极性不高，个别用地清退甚至导致相关基层社区居民或业主的强烈不满。针对这些问题，深圳市政府对线内现状建成区转型路径进行了积极探索，新出台的《深圳市人民政府关于进一步规范基本生态控制线管理的实施意见》（深府〔2013〕63号）将线内社区的转型发展，保护与发展的共赢路径作为一个重要问题提上议程。

武汉市同样存在这些问题，基本生态控制线内需严格保护的底线区大、需限制建设的发展区小；线外建设用地紧张、线内搬迁量大；所涉利益主体复杂、缺乏直接经济利益，以上问题的存在使得生态保护和城乡发展间存在巨大矛盾。相关数据显示，截止到2013年底，基本生态控制线内农村户籍总人口25.6万人，总户数约7.4万户，其中77.7%人口位于生态底线区。基本生态控制线内共涉及自然村湾3467个。历史文化名村仅4处，且位于底线区的自然村湾占生态区居民点总数的78.1%，大量农村居民点位于禁止建设的生态底线区。因此，建设初期，"一刀切"的拆迁集并模式并不适合，而且也很难落实。

1.3 特殊时期的选择——保护与发展并行

城市基本生态控制线内建设并非一蹴而就，不同建设时期的主要矛盾和重点问题各有不同，找准问题才能对症下药。武汉仍处于生态建设的初期阶段，将既有村庄全部搬迁出基本生态控制线内，原有用地恢复生态功能——这种保护，只能将生态保护停留在孤立、静止、消极的状态，并且不符合武汉市当前的城乡发展现状，甚至会产生社会矛盾，造成不良影响。

绿水青山、世外桃源的原生态环境固然是理想的生态家园，但山、水、城、田景相连的画面更能让人"望得见山、看得见水、记得住乡愁"。成都作为全国统筹城乡综合改革配套试验区，在将城乡统筹发展与环城生态区建设相结合方面做出有益探索，在大力发展乡村旅游与现代农业带领农村群众增收致富的同时，积极引导原住民转型发展，促进环城生态区的生态与景观建设。可见，农民建设并不一定是生态建设的不利因素，有序的乡村建设与发展同样有利于生态区建设，为生态区注入新的活力。

基本生态控制线内用地多样性的客观特征，要求避免一刀切的"单纯保护"管理思路。尽管保护生态是生态区建设的首要目标，但在快速城市化阶段，城市生态建设初期，单纯的生态保护无法真正解决保护与发展的尖锐矛盾。我们应当转变思想，变"单纯保护"为"保护与发展并行"；变"禁止建设目标的土地数量控制"为"生态资源保护与生态价值提升兼容目标的土地资源功能综合调控"。

2 基本生态控制线内农民住宅建设与管理问题

2.1 基本生态控制线内住宅建设问题

当前，农村地区农民建房大都属于个人行为，从建设选址到规划布局，从规模确定到外观形象都以户主个人生活生产需求与审美情趣为导向，具体建筑方案与建设施工以施工队的具体要求和建设经验为指导。由于缺乏相关技术规定，基本生态控制线内的住宅建设存在许多问题。

首先，大部分村庄存在分布散、规模小、占地广，选址随意等情况，如蔡甸区西屋台村万家台湾、东湖风景区湖光村雁中咀区域等，部分小型村庄还存在一户成湾，一村十几湾的情况。其次，建筑规模失控，部分农民住房"长高长胖"，如东湖西湖区部分村庄宅基地占地约100平方米，江夏区劳七村部分建筑达3层以上，与周边2到3层建筑高度十分不协调，蔡甸区存在"不拆旧建新"、"一户多宅"的情况。然后，建筑风貌和形式不佳，传统民居保护不足等情况较为普遍，如东湖风景区湖光村部分建筑立面和屋顶色彩、材质杂乱多样，与周边景区风貌缺乏协调性和延续性。此外，由于对生态环境不重视，生态界面在一定程度上遭到破坏，如部分农民建房侵占农用地或生态用地；临山临水空间封闭，缺乏开敞廊道；生态景观界面形象欠佳，存在环境污染，缺乏绿化景观等。

2.2 基本生态控制线内住宅管理问题

目前，武汉市各新城区、开发区针对村庄建设和农民建房的管理方式存在差异，涉及集体土地上农民建房尤其是个人自建房的管理较为薄弱。如东西湖区只审理国有土地上的建设项目，不涉及集体土地；汉南区2008年后区相关管理部门只审批集体建房，不审批个人建房。

根据武汉市部分新城区反映的农民建房管理情况，存在以下问题：

首先，管理主体及职责不明确，目前武汉市村民建房管理过程中建设监督与管理服务由乡镇人民政府、区建设行政主管部门负责，而由区规划行政主管部门负责建设竣工验收；对违法建设的查处以乡、镇政府为主，并涉及城管、规划、国土等多个职能部门，各管理部门在规划、用地、建管、违法查处等方面的职责相互交叉。

其次，用地、规划与建设管理不到位，如建设用地控制不严，农村住户建房管理审查不严格，一户多宅，空心房的现象相当普遍；农民建房选址随意性较强，缺乏管理。沿公路占用耕地建房、侵占公共开敞用地现象时有发生；刚性指标控制不严，农村住户宅基地和建筑面积超标，房屋高度没有限制，村庄周边山水自然景观侵占和破坏现象严重；建设质量监管不严，大部分农民建房无图纸、无施工资质，建设材料无保证，建设完成无工程验收，导致新建房屋质量较差，村民人身安全得不到保障。

最后，管理主体复杂以及核发证件不明导则农民建房尤其是个人建房管理程序不清晰；同时，针对管理主体工作过程的监管以及建设活动过程的监管与处罚力度较为薄弱。

3 基本生态控制线内农民住宅用地与建筑管理趋势

目前我国各城市关于基本生态控制线内农民住房建设管理均在摸索阶段，并没有相对成熟的管理办法与模式出台。但是，在各城市基本生态控制线内实际建设和类似区域（风景区、生态缓冲区等）的建设管理中，逐步形成更为关注生态保护需求以及农民建设需求的变化趋势，主要表现在用地形态控制和管理方式变化两方面。

3.1　用地与形态控制趋势

以杭州市余杭区2013年颁布《余杭区农村村民建房管理办法》为例，办法提高了农户建房面积标准。考虑到农民生活生产需要，在建房宅基地面积上有了较大提高（按照农户人口区分，标准为100～125平方米，使用其他土地的，相应的控制标准为120～140平方米）。这样既保证了农户正常的需求，同时引导农民建房少占或者不占耕地，保护耕地资源。其他城市如江苏南京、武陵生态缓冲区，针对农民建房的管理，主要表现在严格控制村庄整体人均建设用地规模，适当放宽户均宅基地规模，并引导单个宅基地内建设密度，确保村庄内部生态环境用地比例。总的来说，有以下三种趋势表现：首先，强调集约利用，主要体现在控制新村整体规模层面；其次，保护农用地，严格控制农用地上建设规模；第三，扩大非农用地宅基地规模，限制建筑占地比例，引导非农用地上建设向生态模式（小住宅+大庭院）发展。

3.2　管理方式变化趋势

2000 年以前，我国多数城市农村宅基地及住宅建设由乡镇一级政府审批，由于乡镇政府规划管理和国土管理意识不强，加上缺少技术基础和科学管理机制的支撑，农村建房管理失效，基本变成一个办手续的服务过程，违法审批和越权审批的现象也很严重，形成了越批越乱的局面，导致"一放就乱"情况的出现。新《中华人民共和国土地管理法》实施后，农村建房管理权限上收，并按基本建设项目的管理程序进行管理，由于没有更好的管理手段、人员缺少、对村庄实际建设情况缺乏了解等原因，导致"一统就死"情况的出现。近年来，在城市规划技术支撑机制较为完善的情况下，以广州增城市、杭州余杭区等为代表的一些城市或区域，农民建房管理重新提倡管理重心下放，由最了解村庄建设实际情况的镇（街道）政府承担和参与主要管理审批环节。通过规划把控和贴切管理双重管理模式，实现收放有度、管理有序的管控目标。

4　基本生态控制线内农民住宅用地与建筑管理建议

4.1　"规划先行"导向下的全局把控

在实际管理操作过程中，规划的作用在一定程度上偏向于引导，具体的实施需综合考虑政策机制、管理主体等多项因素；而在基本生态控制线内"从严"管理的大前提下，尤其是在生态建设初期，各项制度机制仍需摸索的阶段，规划对基本生态控制线内的整体把控作用将进一步凸显。

（1）用地控制与整体布局相结合

通过整体用地、选址层面的基本生态控制线内村庄体系规划和具体建设层面的村庄布点规划，将用地控制和村庄形态布局控制予以落实，促使基本生态控制线内农民建房管理从二维用地管理转向三维形态管理，以便在管理过程中，给予宅基地等用地指标足够的灵活度，避免一刀切、管理指标与建设现状等差异过大的情况出现。

（2）生态维育与建设发展相结合

通过整体规划确定基本生态控制线内可建设区域、限制建设区域、禁止建设区域，引导农村居民住房建设选址，并有效保护生态涵养区及生态敏感区环境资源。同时通过对基本生态控制线内生态环境的维育以及农村居民点住宅空间绿化环境的塑造，创造自然生态与人工建设相融合的基本生态控制线内景观形象。

4.2　"集约节约"要求下的用地控制

（1）宅基地总量管控

基本生态控制线内是城市中最为特殊的区域，保护农用地及生态用地是首要目的。在规划的基础上，市区各管理部门应重点把握区内住宅建设用地总量，形成自下而上和自上而下相结合的建设用地总量控制模式。首先，村庄建设规划必须遵循集约节约原则，不占用耕地或尽量少占耕地；其次，为了更加切合农民实际建设需求，各镇（街道）人民政府每年年初根据人口增长情况预测及建设需求等，向区政府上报辖区内年度农民建房计划，按程序批次报批。最后，由各区政府对基本生态控制线内年度农民建房总量进行把控与审核，同时给予各镇（街道）宅基地用地指标分配的自由度。

（2）鼓励住宅用地存量挖潜

基本生态控制线内存在的大量保留及短期内无法迁建的村庄，需着重考虑村庄建设用地斑块在基本生态控制线内绿色区域内所占比例，严格控制斑块密度，限制村庄建设斑块的大小。在此基础上，村庄内零星建房需求，建议以改造整治为主，鼓励村民就地改造房屋以及利用村庄内闲置现状建设用地。为引导保留村庄"存量挖潜"的积极性，可设置使用该类用地则用地标准适当增加的奖励条款（如可新建住宅宅基地准备基础上增加20平方米用地）。

（3）引导住宅用地集约建设

基本生态控制线内农民住房建设管理控制并非限制农民建设需求，单方面限制宅基地面积或建筑面积，不仅无法满足农民生活生产要求，也无法达到生态环境保护要求。建议在严格遵循"一户一基"的原则下结合城市相关法律法规确定的宅基地指标进行建设，考虑同户居住人口与所需用地的比例关系。武汉市现行农民宅基地标准仅规范了占用农用地及使用其他建设用地的建设标准（约80～120平方米，该指标远低于武汉市现状平均宅基地面积），为推进基本生态控制线内农民住房建设的有效落实，建议集中新建的村庄在现有指标范围内按照户均人口（3人及以下户、4～5人户等）不同明确宅基地用地指标。

4.3 "生态保护"理念下的形态引导

（1）建筑形态引导

从杭州、成都等其他城市风景区农民住房建设情况来看，多数城市逐步引导自然生态环境中的农民住宅向"小住宅，大庭院"的模式发展。这种模式在一定程度上可引导建筑与生态绿化相互穿插，更能营造生态效果。但从传统风俗和城市建设实际来看，武汉市民居住宅对院落的需求并不强烈，宅基地用地中并无规定建筑占地比例以及院落大小。在基本生态控制线内中，为引导住宅与绿化融合穿插效果，可通过提供农村通用建设图集规范建筑整体形体及面积，并规定个人住宅的建筑面积，适当创造宅基地内生态绿化环境。

（2）建筑高度控制

基本生态控制线内建筑高度，是划定生态控制线的一个重要控制指标，一般来说，建筑高度多以林冠线（约15米）为上限。在实际管理过程中，尤其是面对生态保护和建设需求的矛盾情况下，严格限定建筑高度难免存在"一刀切"的问题。因此，在生态区建设管理初期，可大力发挥规划在布局、形态方面的控制作用，结合实际建设需求，全方位考虑区内建筑高度。以武汉市基本生态控制线内农民建房为例，个人住宅考虑湖北民居的特点和林冠线高度限制，建议层数控制在3层以内；从发展需求和实际建设用地的角度考虑，集中社区型住宅在线内建设的情况也应存在。这一类建筑层数控制以多层为主（基本在6层以下）。低层和多层住宅可结合城市划定的底线区和发展区项目建设高度要求，根据规划合理布局。

（3）建筑风格引导

城市自然环境区尤其是集中体现自然环境的基本生态控制线内，对建筑风格的要求更为严格，建筑风格强调与周边自然环境的协调。首先，基本生态控制线内的房屋提倡以坡屋顶为主；其次，为突显武汉市"建筑映衬青山绿水"的乡村形象，建议农民住宅建筑以淡雅的暖色调为主；最后，村庄居民点周边以及民居建筑单体周边，鼓励大量种植绿化，注重与山水绿化的和谐共生。

4.4 "以人为本"原则下的管理实施

（1）职能重心下移，完善管理机制

镇(街道)人民政府作为最基层的农村建设管理主体，最能把握农村建设的实际情况。为推进基本生态控制线内管理的有效落实，在严格保护生态环境的基础上保障区内农村居民的切实需求得到满足，建议推行部分管理权职重心下移，由镇(街道)作为基本生态控制线内农民建房管理实施的主体，承担和参与农民建房的资格核准、用地与规划审批、现场放线、施工监管、日常巡查和竣工验收等管理工作，市区各职能部门给予管理权限委托、技术支持和行政效能监察，以规范镇（街）的管理行为。

（2）简化管理程序，严格审查文件

基本生态控制线内农民住宅建设管理，相对于一般地区，更加强调管理的效能和审查的严格。管理效能主要体现在程序上，在现有农民建房管理程序基础上，应简化办事程序，提高办事效率。首先，针对采用农村住宅通用图集的住房报批，建议优先办理；其次，建议《乡村建设规划许可证》的核发程序相对后移至验收以后，凭镇(街道)审批和验收依据进行批次核发。与之相对应，审查严格主要体现在报批文件的要求上，针对基本生态控制线内的特点，农民住房建设报批过程中需提交生态环境影响评价等文件，集中建设住宅社区还需征求山水资源涉及的相关管理部门意见。

5　结语

生态资源环境保护是基本生态控制线内首要管控目标，而区内农民生活生产所需的住房建设需求又是生态建设初期困扰着各地政府的民生难题。二者之前存在着保护与发展的矛盾，破解这矛盾的出路在于科学管理农村住宅建设。然而，生态维育和农民住房建设不仅限于规划管理本身，在基本生态控制线内各项机制逐步完善的过程中，还需要国土管理、社会管理、规划管理和财政管理等制度从根本上进行改革，方可取得实际的成效。

绿色生态型重点功能区——研究思考

武汉城市湿地系统保护规划的实施策略与途径

The Implementation Strategy and Methods of Wuhan Urban Wetland System Conservation Planning

【摘要】武汉湿地资源丰富，其湿地生态系统是构建武汉特色生态景观型功能区的重要框架。城市湿地系统保护已经受到人们的广泛关注，然而国内有关城市湿地面临着保护效率不高、生态系统保护评价缺乏科学论证、保护与开发格局有待优化等问题。本节基于ENVI技术平台，从针对性和可操作性出发，初步建立起一套湿地生态系统健康评价模型；并通过对湿地生态系统服务功能进行价值评估，为开发与保护协同规划提供指导依据。最后以武汉市严东湖—严西湖湿地系统保护规划为例，探索在生态景观型功能区营造复合型湿地系统的途径和经验。

Abstract: Wuhan has rich wetland resources, and wetland ecological system is critical to Wuhan ecological security. Although, wetland protection is paid great attention, there are so many problems about it, including low efficiency of protection and lacking of scientific analysis. Thus, this paper establishes a wetland eco-system health assessment model based on the ENVI technology platform. Through the evaluation of the ecological function of the wetland system, it provides guidance for the development and protection of the collaborative planning. Finally, taking the first completed green wedge protection plan in Wuhan as an example, this research aims to explore experience of creating a composite wetland system in the city.

1　武汉市湿地现状及存在问题

美国《国家地理》杂志曾评价，武汉是全球内陆城市中湿地资源最丰富的三个城市之一。武汉市位于江汉平原东部、长江中游与汉水交汇处，具有典型的滨湖滨江特色。武汉市湿地包括河流湿地、湖泊湿地、沼泽和沼泽化草甸湿地、库塘和稻田5种类型，面积约3200平方公里，占全市面积的1/3，是全国内陆城市湿地面积最大的城市之一。湿地对调节武汉市微气候、维护生态平衡、建设武汉市生态文明具有十分重要的意义。

然而在我们感受城市日新月异变化的同时，武汉市湿地资源也面临着面积减少、生态环境恶化、生物多样性遭破坏等问题，主要表现在如下方面：一是中心城区湿地破坏主要来自于大面积填湖和局部地区不当开发，湿地岸线遭受大量人工设施冲击，湿地自净和循环系统功效减弱；二是外围生态区因围网养鱼和生活工业污水排放，水质变差，富营养化严重；三是缺乏有效生态补偿机制，湿地自然保护区的建立与原住民生活及经济发展存在矛盾；四是湿地保护规划缺乏新机制探索，未能合理平衡保护与利用的关系。全市的湿地保护事业还面临着诸多的困难和挑战，需要进一步解决。

2　保护规划思路

2.1　构建原则

(1)保护优先原则——生态保育、生态恢复与生态建设并重，慎重选择项目，严格控制湿地开发规模和强度，推动湿地绿色经济功能建设。

(2)生态安全原则——加强自然湿地保护和生态功能培育，强化自然生态的稳定性和延续性肌理，有效遏制侵蚀自然湿地，确保湿地自然生态格局。

(3)生态与经济协同原则——强调人类参与下的生态系统建设，以构筑"自然—人类"能量良性流动为最终目标，生态规划是经济自运转的规划，区域能依托生态而创造新的经济增长点，实现长效滚动生态建设。

2.2　基于ENVI技术平台的生态评价模型

武汉城市湿地保护规划引进ENVI(The Environment for Visualizing Images)技术平台，ENVI是一个完整的遥感图像处理平台，采用交互式数据语言IDL(Interactive Data Language)开发的遥感图像处理软件。其主要功能包括图像数据的输入/输出、图像定标、图像增强、纠正、正射校正、镶嵌、数据融合以及各种变换、信息提取、图像分类、基于知识的决策树分类、与GIS的整合、DEM及地形信息提取、雷达数据处理、三维立体显示分析，运用ENVI的多光谱分析模块，从高分辨率全色及多光谱卫星图片数据中提取地貌和植被特征，分析现状地貌和植被生长状况，为GIS分析提供了更为科学的数据来源（图1）。

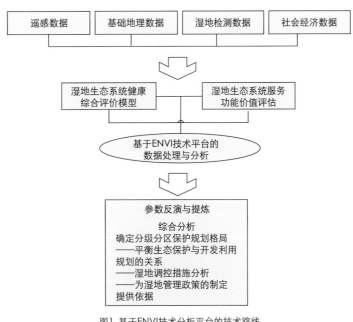

图1　基于ENVI技术分析平台的技术路线

表1 湿地生态系统健康评价体系

湿地生态系统健康评价体系		评价因子
环境影响	自然变化	气溶胶评价 地貌因子 地质及土壤
	人类影响	工程条件 用地权属 人文分布 植被破坏程度 工农业排污
环境潜力	水文特征	地表径流 地表水质
	生物多样性特征	陆生/水生植被分类及分布 植被生境评价 建成区自然环境中生存的鸟类、鱼类和植物等的综合物种指数 候鸟栖息地分布 候鸟迁徙走廊
环境响应	积极措施	湿地修复技术 湿地管理水平 湿地保护意识

表2 湿地生态系统服务功能价值评估及应对策略

价值类型	湿地经济价值	评估方法	应对策略
商业利用价值	动植物产品 物种资源 休闲旅游	市场价值估算 条件估算 费用支出、旅行费用法	生产类项目：木材、植物、水产、水禽； 旅游类项目：生态旅游、养生度假、观鸟摄影类
科研类价值	教育科普 科学研究 生物多样性	费用支出 市场价值法	科研类项目：核心保护区、 科普类项目：湿地综合类博物馆、专类博物馆
城市绿色 基础设施	蓄水 净化水质 涵养水源和保护土壤 防风固堤 调节气候 遗产价值	防护费用法 机会成本法 替代成本法 造林成本法	植物群落 动物资源库 湿地净化体系 城市后花园

规划以系统保护规划思想理论为基本理念，采用OECD(联合国经济合作开发署)建立的"压力—状态—响应"框架模型，运用系统规划软件，对湿地生态系统评价体系进行优化设计。该模型认为人类活动对湿地具有一定的压力，湿地健康状态从而会发生一定的变化；另外，人类社会也会当对湿地的变化做出响应，以恢复湿地质量或防止湿地退化。湿地生态系统健康是压力、状态及响应的综合表征，鉴于此，本研究构建湿地生态安全动态评价"压力—状态—响应"模型的评价体系（表1）：

环境影响类——城市建设中造成湿地环境破坏、污染的因素及关键指标因子，如湿地植被破坏、工农业排污、地质及土壤等指标。

环境潜力类——湿地环境系统的状态及其描述性指标因子，如生物多样性指数、植被生境、湿地水质等。

环境响应类——采取积极对策，改善环境的关键指标因子，如湿地修复技术使用、湿地管理水平等因子。

通过ENVI遥感图像处理平台，选取的因子综合化，分析手段客观化，研究结果定量化，既有利于对最终规划结果进行分析评价，又有利于结果的应用，给保护策略的制定提供了直观的参照依据。

2.3 开发与保护协同

由于湿地系统的保护、修复需要大量的资金投入，通过建立湿地系统的价值评价，将湿地保护建设的投入和后期所带来的经济价值进行直观测算，促进政府决策，作为湿地保护与开发的管理依据，将显著地提高湿地系统的保护价值。规划本着开发与保护协同的理念，通过借鉴国内外湿地生态系统的价值评估方法，对湿地生态系统服务功能进行价值评估（表2），最终取各价值占总价值的比例进行整合。

3 城市湿地保护规划实践 —— 以严东湖-严西湖湿地保护规划为例

3.1 湿地生态系统健康综合评价

3.1.1 建立评价模型

本节选取武汉市内具有多种湿地生态系统类型的严东湖—严西湖湿地为研究对象，综合遥感与地理信息系统技术、数模方法和实地调查监测，实现宏观尺度和微观尺度结合，从"环境影响—环境潜力—环境响应评价模型"选择适应性指标因子，研究湿地生态系统健康评价指标参数反演与提取方法，建立湿地生态系统健康评价模型，开展严东湖—严西湖地区湿地生态系统健康评价。

研究主要数据来源于遥感技术、基础地理信息、湿地监测及社会经济统计，其中，以美国WV八波段和LANDSAT卫星遥感图像为基础提取了湿地类型、土地利用及植被指数、土壤肥力、水质分析等指标；以土地利用数据为基础提取了土地利用变化、景观指数及人类干扰度等指标；以湿地监测数据为基础分析了土壤中污染物含量、动植物种类、湿地蓄水情况等指标；以社会经济统计数据为基础分析了湿地内现有居民点及人为活动影响等指标。

3.1.2 指标数据的综合分析

按照《生态环境质量评价技术规范（2005）》规定，以生态环境质量指数为基础，综合前述现状条件分析结果，充分考虑基地湿地、水域比重较大和其他限制条件，对标准公式及其权重分配做调整（图2），得出适合基地的生态环境质量指数公式（式1），作为本次规划区的生态评价标准。

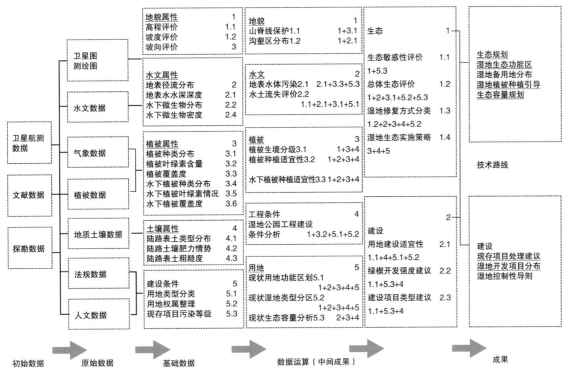

图2　指标数据的综合分析

EQI=植被覆盖度指数×0.20+用地类型指数×0.05+土壤肥力指数×0.10+气溶胶指数×0.05+水网密度指数×0.05+生物丰富度指数×0.25+湿地分布指数+水质指数×0.30。 （式1）

严东湖—严西湖湿地生态系统健康状况构成中，湿地生态系统健康较差、一般、较好的区域和生态优良区域分别占总面积的12%、58%、21%和9%，健康状况集中在三级(相对一般)，尽管该区域的湿地生态结构基本完整且系统尚可维持，但已有少量的生态异常出现，并且该区域的湿地生态系统对人类干扰的敏感性较强，受到人类干扰影响较大、湿地生产与服务功能退化趋势较严重，应该高度重视区域湿地生态系统的保护、治理与恢复，促进湿地生态系统健康可持续发展。

3.2 规划途径

3.2.1 分级分区保护

根据分析结论，首先需要从区域整体生态环境出发，将湿地保护条件与区域生态系统联系起来，通过进行土地利用调查、生态环境调查，以及比较精确的生态景观敏感性评价等技术手段，对严东湖—严西湖湿地系统进行分级分类保护（表3）。

3.2.2 以功能需求为导向，平衡保护与利用的关系

湿地是城市功能的有机组成，一方面承担着城市涵养水源、维护生态多样性等核心生态要求，另一方面也承担给都市居民提供一个旅游休闲、科普教育、生态体验的场所。通过对严东湖—严西湖湿地效益估算（表4）分析得出，严东湖—严西湖湿地系统年总收益可达到17.7亿元，而建设总投资约为25.3亿元，严东湖—严西湖湿地的建设将带来巨大的综合效益。研究将湿地保护规划的投入和价值效益以数值反映，既为湿地保护和开发提供管理决策的依据，又提升社会公众对湿地服务价值的直观认知，有利于促进规划的实施。

3.2.3 保障居民安居，促进社会和谐发展

湿地区内存在大量村庄，区内原住民的安居保障也是规划的关键问题。规划对安居体系重点提出空间发展策略，对区内村庄进行建设分类并提出还建居民点规划布局方案。村庄调控根据武汉市人民政府第224号令

表3 分级保护规划

指数（EQI）分级	评价		具体建议
I级 0.01<EQI≤0.23	生态优良区	植被覆盖度较高，生物多样性较丰，应严格保护，原生保留	自然湿地完整、生态系统水平较高、植被覆盖较好、景观特色明显。要求严格执行规划保护和管理要求，以贴近自然状态为主导。确保结构立体、物种丰富的湿地生态景观
II级 0.01<EQI≤1.29	生态较好区	植被覆盖度中等，生物多样性一般水平，应恢复性保护	针对湿地生态较为脆弱、结构较为简单、景观特色不明显、与周边环境欠协调的主要矛盾。适度扩大保护范围。因地制宜改善湿地土壤保水条件，增强湿地的生态屏障和景观渗透功能，要求加强周边环境建设与湿地景观主题相协调，丰富湿地的驻足和游憩空间
III级 1.29<EQI≤1.36	生态一般区	植被覆盖中等偏低，物种丰富度不足，有可能存在少数敏感区域，应常规性保护	主要为I、II、IV级以外的用于农业生产类湿地和城市与交通干线的景观视线影响范围内的湿地。针对过度开发和植被稀疏、农林经济产出较低、土壤退化和缺乏特色等问题，提高水土保持及水源涵养程度。大力建设与湿地旅游和生态农业相配套。另外对于具有农业生产功能的湿地，提高农副业的生产和效益
IV级 1.36<EQI≤2.11	生态较差区	植被覆盖较差，物种较少，人类痕迹较重，应加强生态维护	是湿地保护和生态恢复的重点治理对象，生态环境脆弱的湿地，需要加快湿地生态系统修复、治理环境污染，在停止继续毁坏的同时，采取必要的工程措施。建设绿色隔离和防护。对已破坏的湿地进行恢复。调动各方积极性，逐步恢复丰富湿地景观和城市游憩功能特色

表4 严东湖—严西湖湿地系统效益估算

价值类型	湿地经济价值	计算方法	预算（万元）	项目策划
商业利用价值	动植物产品	根据水产公司资料，得到严东湖、严西湖的养殖水产品的产量；根据市场调研得到水产、莲藕等价格	8600	荷塘月色养生度假中心、观鸟摄影俱乐部、湿地渔场、采菱荡舟
	休闲旅游	年游客容量预测，公园的休闲旅游收入=游客规模×人均消费+其他运营收入	161500	绿道、张公山寨、烟水鱼庄等旅游服务设施8项、湿地迷宫等24个游览景点
科研类价值	教育科普科学研究	根据我国单位面积湿地生态系统的平均科研价值与Costanza等人对全球湿地生态系统科研文化功能价值的平均值为3897.8元/hm²计算。	715	湿地修复展示中心、专类博物馆、湿地综合类博物馆、湿地植物保育中心等科教展示设施6项、
城市绿色基础设施	蓄水净化水质	单位蓄水量库容成本以全国建设投资计算，每建设1m³库容需年投入成本0.67元	3357	稳定的植物群落、动物资源库、湿地净化体系、城市氧吧
	防风固堤；营养物质循环和养分积累；涵养水源和保护土壤	以测定的水生植被干物质量为基础经货币化转化得到其经济价值量	3200	

(数据来源：《严东湖—严西湖湿地公园系统规划》项目组提供数据)

及相关村庄改造规划，将村庄分为搬迁型、控制型和改造型三类。

搬迁型村庄——山边、水边等生态敏感型或明确搬迁意向的村庄，此类村庄实施"统征统建"的村庄。

改造型村庄——旅游服务区及旅游景点周边区域的部分村庄。

控制型村庄——搬迁条件尚不成熟，没有明确还建选址的村庄，现状进行保留，控制村庄不向外扩展，待搬迁时机成熟后进行搬迁还建。

居民安居空间安排"大集中、小分散、不扩散"，鼓励农村人口向中心村、小集镇等城镇集中建设区迁移，集约节约用地。

村庄还建明确投资主体，采取"集中拆迁、整体还建"开发模式，实施"先建后拆"具体操作方式，保证社会和谐发展。同时安居措施"强化公共服务，完善市政配套"，加强集中还建地区公共服务配套，使乡村居民能够享受城镇居民同等的医疗水平和教育机会。健全社会保障体系，完善各类市政配套基础设施建设。

3.2.4 探索实施机制，有效引导规划管控

湿地可持续管理策略就是以湿地可持续发展和利用为目的而进行湿地管理的行动方针和采取的活动方式。对于不同类型、不同区域的湿地在不同的发展阶段也应据其特殊性而制定相应的管理策略。

（1）自成体系，量化管理

采用了"总体规模控制（刚性）+专题支撑+地块单元引导（部分弹性）"的三级规划编制体系。形成了"一个总则，三个专题（村庄还建专题、生态保护专题和绿道建设专题）、七个分图则"的编制体系。

编制五个实施单元发展引导图则协助规划管理：包括规模控制、体系控制、指标控制和建设指引四方面内容，对单元主导功能、各类用地规模、五线、旅游服务设施、生态区建设指标、绿道建设类型和主要景点策划等方面提出具体控制要求。

（2）经济计量，项目推动

按照规划目标的要求，在推进已建湿地保护区建设和管理的同时，要主动构建适应武汉城市特点的湿地

保护区和野生动植物重要栖息地网络体系，按照自然保护区（含国际重要湿地和国家重要湿地）、湿地公园和具有特殊科学研究价值的栖息地三种不同模式建设和实施管理。提出绿道先行，分区实施的分期实施策略。对于武汉市丰富的湿地资源，将坚持治理与修复并举，着力保护湿地生态环境，打造湿地生态景观、发展湿地生态经济、弘扬湿地生态文化，彰显"湿地城市"水韵之美、绿意之美。先期建设严东湖-严西湖滨湖绿道，有效组织游览体系，控制生态边界。

（3）政策优惠，高效管理——政策制定

提出"控+建"、"改+迁"的行动策略，通过设置准入项目、推进区内既有项目清理及村庄居民点的迁并工作；明确行动单元实施主体、明确各单元的责任主体，落实建设资金，先建一批示范项目发挥带动效应；设定相关奖励机制，采用生态区与建设区捆绑实施的运营模式，提出大于1：2的捆绑方式，视具体情况对生态区提供1.1～1.3倍的容积率奖励，以促进生态区顺利实施建成。

4 结语

城市型自然湿地系统保护规划实践是一个涉及多学科、多部门合作的复杂过程。本节研究的思路是从湿地生态系统健康状况评价入手，协同湿地生态系统的服务功能，以保护和修复湿地多样性的生境为目标的综合规划，并与现有的城乡规划编制体系、规划实施机制等相关体系建立有机的衔接，这对于城市型自然湿地系统保护规划有较强的针对性和主导作用。城市内不同的湿地应根据具体情况创造性运用，将规划基于客观数据支撑，综合生态系统服务功能预案体系，构建高效的城市型湿地系统保护网络体系。

绿色生态型重点功能区——研究思考

基于规划实施的城市边缘区生态保护规划实践探索——以武汉市后官湖绿楔保护和发展规划为例

Exploration of Urban Fringe Area Ecological Conservation Planning Based on Planning Implementation: A Case Study of Wuhan Houguan Lake Green Wedge Conservation and Development Planning

【摘要】各地城市总体规划中，城市边缘区是遏制城市蔓延、构建城市生态格局的核心区域，但同时也是一个既区别于城市，也区别于乡村的特殊的社会—自然—经济复合系统。只有在兼顾政府、市场、农民等参与主体的利益诉求基础上，大胆革新规划编制组织，优化规划编制模式，才能够有效促进城市边缘区生态保护规划的有效实施，并以武汉市后官湖生态绿楔保护规划为例，以期对城市边缘区未来规划实践提供借鉴。

Abstract: In urban master planning, urban fringe is the key area to curb urban sprawl and build urban ecological pattern. It is also a special region with complex social, natural and economic situations compared with other regions. Only integrated the benefits from different social subjects including government, market and peasant, the implementation of ecological planning in urban fringe area is feasible. Therefore, the planning compilation mode should be changed to integrate different benefits. This paper explores the ecological conservation planning for the purpose of set example for implementation of urban fringe ecological protection.

1　城市边缘区的概念及其生态保护困境

1.1　城市边缘区的概念

准确定义城市边缘区的概念有一定难度，简单来讲，城市边缘区可与城市核心区对应。从不同研究角度，常见的类似相关描述有如"城市外边缘带"、"城市隔离带"等，从用地角度来说，有如"非建设用地"、"非城市建设用地"等。以上描述的基本内涵，可能在一定程度有些微差异，但大体一致。本节所指城市边缘区，是指城市总体规划所确定的都市区范围内、主城区或城市核心区范围外，城乡二元土地利用特征明显，城乡景观结构与功能融合，城乡生态交错的区域（图1）。

1.2　城市边缘区生态保护实施困境

在我国城市化进程快速发展的这几十年，伴随着城镇化过程的加速，城市外围违法建设不断增多，城市总体规划确立的，无论是生态环，还是生态楔，均受到不同程度的蚕食。为了限制城市蔓延，确保城市中宏观层面的生态格局不被破坏，我国针对城市边缘区的生态保护规划一度繁荣，生态规划编制的技术手段不断丰富和完善，但城市边缘区生态保护的实施仍然是一个不容易达成的目标。其中主要涉及的问题有：一是利益相关方不积极——关于生态保护这个命题，市级规划部门一头热，举着全市一盘棋，确保都市区内整体可持续发展的旗帜，却没有区级政府、当地镇村居民等利益攸关方的参与和支持。二是规划管理乏力——在职责权限内，城乡规划部门可以通过做出禁止建设的行政许可，来控制或减缓建设用地增量，却没有有效的手段促进非建设用地上承载的经济、社会要素的发展，对各方利益诉求形成只堵不疏的恶性循环。

2　武汉市生态绿楔保护的挑战

厦门、深圳、成都等城市均比较系统地开展了城市边缘区的生态保护规划实践。厦门市通过生态空间管制和功能策划双向反馈，协调生态保护和发展之间的矛盾。深圳市运用底线思维，划定基本生态控制线，并颁布法令，从制度层面上保障生态线内管控要求的实施。环城生态带是成都市城市总体规划确定的近郊生态环，为了推动其整体建设；成都市开展了一系列以非建设用地为主的规划编制工作，并在财税、土地政策以及生态保护条例的支持下，探索了一系列捆绑式的生态用地开发模式。总体来看，在全国性生态保护浪潮的推动下，生态保护规划从最初的空间结构型规划到目前比较成熟的区域空间管制型规划，规划编制理念和控制手段日趋成熟，与此同时，针对城市边缘区生态保护的实施困境，政策和制度的配合逐步受到关注，成为促成各大城市真正实现生态建设的关键一环。

2010年，《武汉市城市总体规划》划定城市边缘区六大楔形绿地，确立了"两轴两环、六楔入城"的生态空间结构。为了推动"六大绿楔"的保护和实施，武汉市先后划定1：2000基本生态控制线，并出台《武汉市基本生态控制线管理规定》及《武汉市人民代表大会常务委员会关于加强武汉市基本生态控制线规划实施的决定》，逐步实现了从"空间结构"，向"边界控制+制度约束"转变的管控模式。然而，生态绿楔的保护远远不能止步于保护线的划定。相较于前述具有一定实施经验的城市而言，武汉生态保护面临的挑战具有其自身的特征。

一是生态绿楔纵深较大，主城区辐射影响能力有限——能够与主城区在空间上实现近距离对接的绿楔界面，往往能够通过与主城区之间的发展互动，发展休闲度假功能。后官湖绿楔目前就已经入驻了部分如同济健康谷、世贸嘉年华等健康养老、旅游度假项目。但受距离衰减影响，大部分绿楔区域无法有效吸引社会资金的介入，成为活力欠缺的"内陆"地区。

二是生态绿楔规模尺度巨大，实施难度较大——武汉市划定的基本生态控制线，围合面积达到1800平方

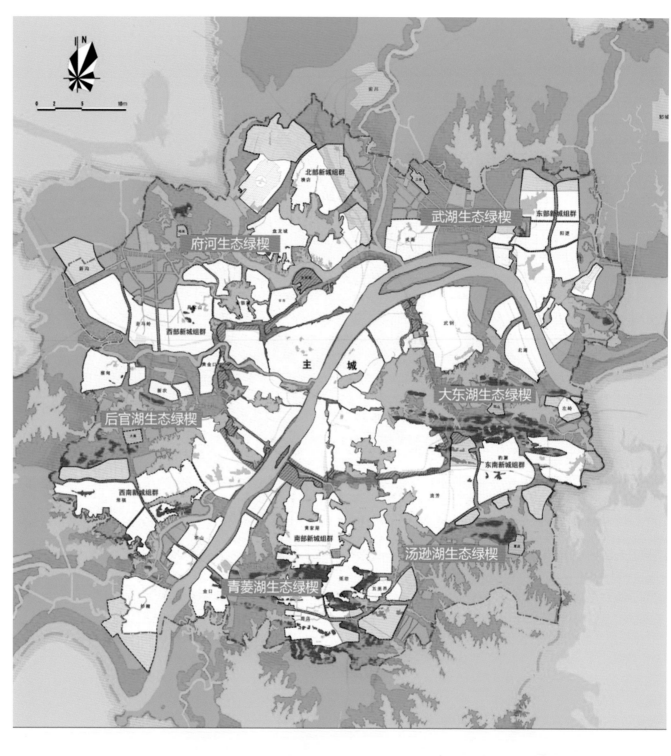

图1　武汉市1：2000基本生态控制线落线规划总平面图

公里，相当于深圳基本生态控制线的2倍、成都环城生态带的10倍。巨大的规模尺度下，整体生态绿楔的规划实施面临功能选择、行政资源、政府财力等的多方不足。

三是村庄分布量多面广，村庄发展出路亟待明确——武汉基本生态控制线内集聚的村庄规模较大，村庄建设用地达到67平方公里，村庄整体改造的财政压力大。以传统农业为主的产业构成导致产业发展动力缺失，村庄内部青壮年人口外流严重，老龄化和空心化问题显著，村庄发展出路不明朗。

3 面向实施的生态保护规划应对

3.1 革新规划组织模式，从注重规划编制向注重工作推进转向

在城乡规划理论构架不断成熟的今天，规划技术本身不再是影响生态保护实施成效的最大障碍。理想蓝图和实施能力相比较，决定生态保护实施成效的必定是后者。面对城乡规划在生态保护实施上的弱势地位，需要规划人从工作推进角度，重视到规划理念传播者和规划协调者这样一个重要角色，将生态保护工作本身的积极意义有效传导给更多的规划实施主体，提高其参与度，调动其积极性，通过有效整合各方利益及资源，形成合力，推动生态保护从规划顺利走向实施（图2）。

3.2 优化规划编制方法，从物质空间全域管控向局部功能引导转向

真正意义上的规划要以"人"和"资源环境"为基地，获得与"空间"相联系的"物质性规划设计"和"社会人文素养"的充分教化和训练，这是共性任务。事实上，生态区的最主要症结不是物质空间的分配问题，而是产业的衰败和活力的缺失，由于每一处生态资源都具有其独特性和不可复制性，功能开发模式、主体角色相对灵活，物质空间规划所能形成的可控性也并不强。唯有充分认识到村民的发展需求和生态的基础特征，以经济规划为主线，在生态保护的大前提下，通过特色生态功能的挖掘打造若干区域热点，才能达到以点带面，盘活生态资产、撬动整体生态功能的升级的目的。

4 面向实施的武汉规划实践探索

4.1 项目区基本概况

2012年，为了进一步明确生态绿楔未来发展方向，指导下一步规划管理和实施，武汉市以后官湖生态绿楔为试点，组织编制了《武汉市后官湖绿楔保护和发展规划》。后官湖生态绿楔是武汉市确定的六大生态绿楔之一，规划总面积约123.3平方公里。该绿楔位于武汉市蔡甸区境内，距离武汉市城市中心12～35公里，向北与蔡甸区城关及正在筹建的中法生态新城相连，向东与武汉市主城区相邻，是武汉市近郊向远郊过度区域。该区域是知音故里，现存的钟子期墓是武汉市文物保护单位。后官湖是区域内最大水体，部分水域也名知音湖，湖汊岸线曲折自然，湿地环境良好，目前已被列入国家级湿地公园。

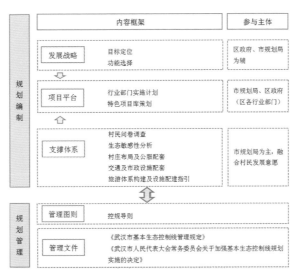

图2 新型规划框架

4.2　规划思路及框架

规划强调生态保护规划的有效性、可实施性。在规划编制主体内容上，以构建项目平台为着力点，向上反馈绿楔发展总体目标定位及主导功能等战略意图，向下构建生态、旅游、交通、村庄建设及配套等四大专项支撑体系。综合城乡发展格局及生态、文化资源优势，规划确定后官湖生态绿楔定位为武汉生态保护先行区、武汉知音文化展示窗口、武汉新型城乡形态示范区，重点发展生态维育功能、旅游休闲度假功能和生态农业功能。在项目平台搭建方面，规划综合策划形成12个生态项目，构建起生态项目库。其中，京港澳高速以东区域，依托邻近武汉主城的区位优势，以知音文化为纽带，组合策划形成"宫"、"商"、"角"、"澂"、"羽"五个音乐文化主题区；京港澳高速以西区域，立足已有农业项目基础，发扬农耕文化精髓，组合策划形成"耕"、"樵"、"渔"、"读"四个农耕乐活文化主题区，打造西部休闲郊野片和南部生态种植片。

规划编制同时与规划管理之间建立互反馈机制，规划目标定位、项目库策划及筛选等，始终在《武汉市基本生态控制线管理规定》等已有管理文件的规范约束之下，并最终转化形成控制性详细规划导则，为生态绿楔的规划管理提供更为明确的依据。

4.3　规划要点总结

4.3.1　市区、政民共同参与，确保利益主体介入

一是直接管理主体——蔡甸区政府的参与。后官湖绿楔规划采用"市—区"两级联合组织模式，由武汉市国土规划局与蔡甸区政府共同委托编制。武汉市国土规划局重点把握工作步骤、做好方向引导和技术把关，蔡甸区政府重点统筹区国土、规划、水利、农业等行业部门资源，并从实施角度提出工作指导。

二是直接发展主体——当地农民的参与。后官湖绿楔规划工作团队，致力于打破目前政府部门自上而下单向决策的局限，组织规划、土地、生态、市政等不同专业方向人员，对基地基础数据以及各级基层政府发展设想进行详细摸底，并启动了针对农民发展意愿的问卷调查工作。问卷按照规划区全体村民5%～8%的比例发放，内容涉及道路交通、公服配套、土地政策、村庄住宅、产业发展等方面，收集规划区居民发展意愿，作为规划决策最重要的支撑依据之一（图3，图4）。

4.3.2　多规衔接，建立统一项目平台

为取得项目策划前瞻性和可实施性之间的平衡，规划在自有策划的同时，从部门衔接角度切入，整合有

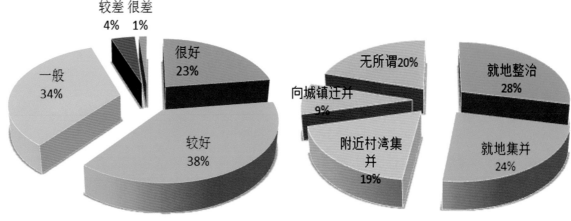

图3　规划区农户满意程度一览图　　　　　　图4　村民村庄改造意愿一览

区位：后官湖南岸，外环以西，通城大道以北，面积 423 公顷。

行政村：黄虎村、杨家众村。

功能定位：以原生态青山、农田、湿地为基本特色，以户外远足、乡野观光体验、郊野游憩为主要功能。

项目策划：

底线区策划 9 大旅游景点，改造 4 个生态示范村湾

保留整治村湾 51.1 公顷，迁并村湾 10.7 公顷

发展区 9.22 公顷，设置游客服务中心及酒店、餐饮、公共服务、展示等相关旅游及其他配套设施。

底线区规划设置漂浮指标 14.5 公顷。

① 山顶观湖 ④ 山地野营 ⑦ 观鸟长廊 ▣ 生态村湾
② 露天茶座 ⑤ 生态垂钓 ⑧ 白鹭栖居 Ⓨ 游客服务中心
③ 野趣体能营 ⑥ 湿境漫游 ⑨ 农业体验

图5 黄虎农业体验园项目意向策划方案

关农业、林业、国土等多部门的专项发展计划，并纳入项目库，形成统一项目平台。例如，项目库中的后官湖湿地公园，目前已经列入区林业局近期实施计划，龙泉现代都市农业园、大集生态植物园已经列入区农委建设计划。伏牛山公园所在地，是国土局"矿山复绿"试点区域。生态项目统一由蔡甸区政府组织实施，各行业部门则根据其专项发展计划，纳入相应的建设计划和资金支持体系（图5）。

4.3.3 分类处置，引导村庄特色化发展

生态绿楔是武汉市推进城乡统筹的重点地区。问卷调查结果显示，村民对于产业发展的诉求远高于村居环境的改善，且一半以上的村民更希望采用原址整治或集并的方式改善村居环境。为此，规划将建设生态文明与农民发展有机结合，按照"保留整治为主，严格控制新增用地"的原则，在功能主题区划和村庄发展特征判断基础上，针对性地提出村庄住宅处置方案和分类发展策略。全区纳入集并研究范围的仅涉及三类情况：一是区域内如地质灾害、市政基础设施等的安全控制区域；二是河湖湿地及山林地等核心生态斑块等；三是根据生态项目策划方案，需要进行适当集并以便于项目运营和实施的区域。经测算，生态底线区内需要进行原址或异地迁建的居民点用地面积大约占居民点总用地面积的16%，其余86%的村庄将全部纳入到整治范畴。与此同时，规划重点对村庄历史文化、自然环境、空间格局等情况进行调研和评估，结合项目库方案策划，在中心村和一般村的传统两级村庄体系基础上，筛选确定了3个具有独特自然或文化资源特色的村庄，并提出针对性的村庄整治引导策略和旅游服务设施配套要求。

4.3.4 规土合一，突出用地功能管理

城乡用地分类以土地使用的主要性质作为分类标准，因此，非建设用地受制于其固有的自然属性特征，仅分为水域和农林用地两种类型，无法反映生态保护规划对非建设用地的功能引导需求。规划结合用地管理职

能权限范畴，提出"规土合一"的用地管控模式，建设用地按照城乡用地分类管控，非建设用地采用国土规划用地管理体系管控。在与国土规划用地管理体系对接过程中，规划大胆调整传统的用地性质管理模式，根据土地资源特点和项目定位及用地功能需要，将非建设用地按照土地利用规划中的土地用途区控制，并执行相应的土地用途区管制规则。具体来说，根据2010年国土资源部发布的《乡镇土地利用总体规划编制规程》，涉及非建设用地的土地用途区有7个，包括基本农田保护区、一般农田保护区、风景旅游用地区、生态环境安全控制区、自然与文化遗产保护区、林业用地区、牧业用地区等，《规程》详细地明确了相应的管制规则，以控制和引导土地用途转变。例如，基本农田区的管制规则就详细明确了该区的主要包含用地及设施类型，区内原有非建设用地的处置措施，区域内禁止的建设及生产活动类型等。这样的调整，一方面能够实现规划意图和用地管理之间的较好结合，另一方面也能够在武汉市规划和国土职能一体的背景下，避免传统生态保护规划中，生态管制分区策略缺乏监管主体的尴尬境地。

4.3.5 提出多元开发模式建议，为社会资金参与创造条件

规划针对生态项目开展意向性的方案策划，提出功能定位、主要建设节点、村湾处置方案、村庄建设用地安排、设施配套内容及规模等，并从投融资角度分析，提出各项目建设及运营模式建议。政府代表公共利益、掌握政策资源，企业主体代表市场利益、拥有资金优势。规划综合项目类型、土地级差、现有政策资源等，差异化选择项目开发主体，配合各项政策支持，形成三种推荐的项目实施模式：（1）村企合作+土地流转的实施模式，主要适合大集植物园、黄虎龙泉现代农业园等生态农业项目，由农业产业化企业出资、村集体经济组织通过土地承包经营权出租或作价入股的流转方式，共同经营，实现农业规模化经营，并合理配置产业和服务设施。项目区内的村庄以保留为主，农民可在流转企业就业，参与企业运作与管理。（2）企业主导+土地捆绑的实施模式，适合文岭世贸嘉年华等近郊游乐项目，参照成都保利198建设模式，通过土地捆绑，吸引社会资金，由企业实施建设并运营。项目区内的村庄全部搬迁，在周边统一还建。（3）政府主导+专项资金的实施模式，则适合后官湖湿地公园、伏牛山采石文化园等以公共利益为主，市场收益较小的生态型项目，政府积极争取矿山复绿、湿地建设以及土地整治、农田水利专项资金，利用项目区内城乡建设用地增减挂钩腾挪的建设用地土地交易收益，改善区内生态环境，完善配套设施。项目区内的农民通过自主经营的方式，改善其生活水平。

5 结语

后官湖生态绿楔是武汉市推进生态绿楔建设的试点地区，规划试图从规划管理及实施的问题出发，通过整合各类行政资源，联合更多参与主体，拟定更具可操作性的规划编制和实施方案。为了促进规划支撑体系的进一步完善，目前武汉市已经启动了生态绿楔控制性详细规划的编制工作，并正在探索"美丽村庄"、郊野公园等具体项目的规划策划和实施（图6）。

图6 规划新貌

绿色生态型重点功能区 —— 探索实践

武汉市后官湖绿楔保护和发展规划

Wuhan Houguan Lake Green Wedge Conservation and Development Planning

1　规划背景

2011年，武汉市提出"建设国家中心城市、复兴大武汉"的战略发展目标，明确了构建"1+6"城市发展格局、完善城市形态布局的历史重任。为达到此目标，武汉市在生态保护的统筹控制层面开展大量的工作，2011年编制完成《武汉都市发展区"1+6"空间发展战略实施规划》及《武汉市生态框架保护规划》，明确了都市发展区城市增长边界，划定了1：10000基本生态控制线范围；同时，研制《武汉市基本生态控制线管理规定》并编制完成《武汉都市发展区1：2000基本生态控制线规划》（图1）。

党的十八大以来，生态文明建设已成为国家重点战略方针的重要内容，中央城镇化工作会议也明确指出"在促进城乡一体化发展中，要慎砍树、不填湖、少拆房、尽可能在原有村庄形态上改善居民生活条件"。按照武汉市委市政府提出的"大力推进生态文明建设，加快打造美丽江城"要求，依据《市人民政府批转市国土规划局关于加强基本生态控制线管理实施意见的通知》（武政〔2014〕24号）工作部署，为有效统筹全市生态绿楔保护与发展，武汉市国土资源和规划局联合蔡甸区政府，以后官湖绿楔为试点，通过公开征集的方式，成立了由武汉市规划编制研究和展示、成都市规划院、蔡甸区规划院组成的联合工作组，启动了《武汉市后官湖绿楔保护和发展规划》（以下简称规划）的编制工作。

本次规划范围为后官湖生态绿楔，即由《武汉都市发展区1：2000基本生态控制线落线规划》确定的的蔡甸区新农以南、汉阳以西的基本生态控制线区域（不含UGB集中建设区），北至汉蔡高速、新农组团南侧边界，西至都市发展区边界，东至武汉经济技术开发区，南至小㲒湖北岸。总面积168.57平方公里。其中，生态发展区20.39平方公里，生态底线区140.95平方公里，道路用地7.23平方公里。

2　规划内容

2.1　规划目标

规划以实施策略为指导，充分激活现状生态、文化及服务产业功能，将规划区打造成为"武汉生态保护先行区、武汉知音文化展示窗口、国家级生态新城支撑区域、武汉新型城乡形态示范区"。

规划区重点发展生态保护功能、旅游休闲功能、生态农业功能、现代服务功能。其中：

（1）生态底线区结合现状资源条件和特点，植入"乐活生活"概念，打造城市休闲旅游观光和近郊都市农业两大休闲游憩基地，引领武汉市新型现代服务业的发展；

（2）生态发展区作为支撑生态底线区发展的配套用地，解决生态底线区各项生态、农业项目设施配套要求，按照功能引导、优势发展、健康绿色的原则，重点发展科研教育、健康养生、文化展示、休闲娱乐等功能。

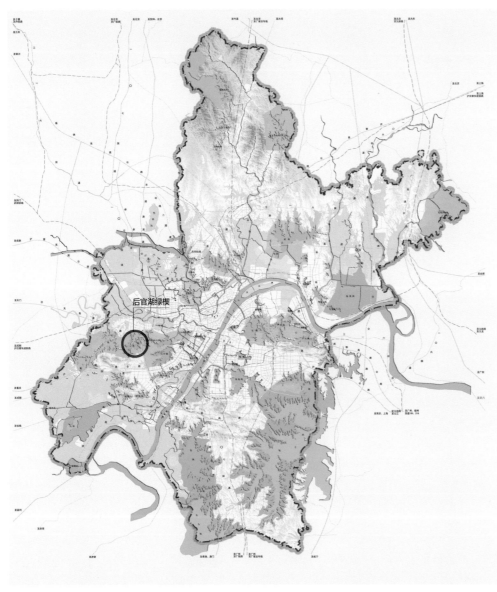

图1　区位图

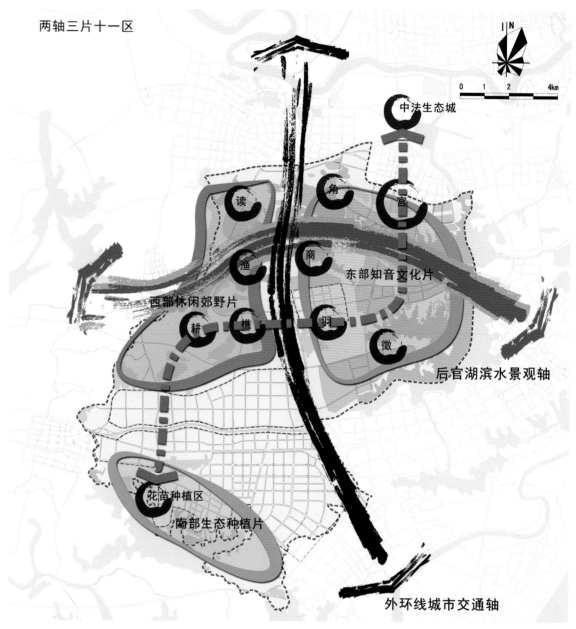

两轴三片十一区

中法生态城

读　角　宫

渔　商　东部知音文化片

西部休闲郊野片

耕　樵　羽

微

后官湖滨水景观轴

花苗种植区

南部生态种植片

外环线城市交通轴

图2　结构图

2.2　空间结构

　　依托后官湖优良的生态本底资源，融合知音文化、农耕文化精髓，规划形成"两轴三片十一区"的空间结构，实现人与自然、文化的完美融合（图2）。

　　"两轴"为后官湖滨水景观轴和外环线城市交通轴。"三片"为东部活力文化片、西部休闲郊野片、南部生态种植片。

　　（1）知音文化片——依托深厚的知音文化底蕴和后官湖优良的水生态资源，借助毗邻主城区和开发区的区位优势，打造以文化展示、滨水娱乐、健康养生等为主要功能的音乐文化片区。

　　（2）闲郊野片——依托规模化的农地资源和优良的山林生态，打造以乡野观光、郊野游憩、生态种植等为主要功能的农耕乐活文化片区。

（3）生态种植片——依托小湖水系资源和农业基础，打造以生态农业、花苗种植、花木交易等为主要功能的农业产业化片区。

"十一区"为五个音乐文化主题区、四个农耕乐活文化主题区、一个生态种植主题区和中法生态新城。其中，音乐文化主题区包括知音文化展示区、老年养生区、后官湖湿地公园区、活力水岸游憩区、乡村音乐展示区，分别以"官"、"商"、"角"、"澂"、"羽"五个古代音符为意象；农耕乐活文化主题区包括大集渔业体验区、尉武-伏牛山林体验区、黄虎-龙泉农业体验区和姚家岭教育产业区，分别以"渔"、"樵"、"耕"、"读"四种农耕社会职业形态为意象；生态种植主题区则形成花苗种植区。

2.3　用地布局

按照"规土合一"的用地管控模式，生态发展区综合城乡规划和风景名胜区规划用地分类特点，形成新的生态绿楔建设用地分类标准，生态底线区按照国土规划的土地用途区进行控制。

本规划发展区配套产业用地769公顷，占规划建设用地的39%；涉及项目清理的用地按照生态滞留用地控制，总用地面积749.8公顷，占规划建设用地的38%；预留其他独立建设用地271.1公顷，占规划建设用地的14%。

生态底线区非建设用地控制基本农田保护区、一般农地区、生态环境安全控制区等土地用途区等，并按照用途区管制规则执行分类管控要求。同时，规划学习借鉴成都"198"地区生态建设经验，设置生态项目"漂浮指标"，目的是控制底线区生态项目配套设施用地规模和建设范围。使用漂浮指标建设的配套设施类型应符合生态底线区准入要求，包括小型旅游服务设施（如景区管理、服务、商业等）、旅游交通设施（机动车及非机动车停车场）及各类小型市政设施等。

根据生态底线区策划的生态项目类型、周边用地情况等，漂浮指标按照项目总用地面积的3%～4%进行配置。底线区12个生态项目总用地面积33.3平方公里，总计配置漂浮指标约100公顷（图3）。

2.4　项目库规划

依托"两轴三片十一区"的空间结构，结合蔡甸区发展意图，在每个功能区片中策划1～2个引爆或启动项目，形成项目库。项目库共计12个生态项目，分别为知音文化郊野公园、银发康乐园、后官湖湿地公园、文岭水上乐园、莲溪音乐文化园、伯龙渔家乐、尉武山林体验园、伏牛山采石文化园、大集生态植物园、黄虎农业体验园、龙泉现代都市生态农业园、蔡甸中国花木城。近期项目库重点根据项目的区位条件、规划范围、用地规模策划启动功能、主要建设节点、村湾处置方案以及相关配套建设要求等，可根据未来的相关配套政策优先启动。

2.5　村庄发展

规划根据项目库建设及生态保护需要，坚持以"保留整治为主，适当拆并为辅"的原则确定了区域内村庄改造和整治方案。规划区涉及大集街、蔡甸街、奓山街三个街镇56个行政村（不含中法生态新城区域），坚持以"多保留、重整治、少拆并"的原则，确定区域内村庄改造和整治方案。保留整治生态底线区内的占生态底线区村庄总规模的87%，生态发展区的村庄全部迁并。

同时，规划布置6个安置点，其中生态底线区1个，生态发展区5个，总用地面积50.7公顷。

2.6　旅游规划

规划以"乐山乐水、乐活知音"为旅游形象定位，以时尚乐活生活为底蕴，发掘蔡甸区域文脉与资源禀赋，将后官湖旅游区打造成为可持续发展的、生态型的"知音文化深度体验旅游目的地"、"近郊农业旅游开发示范区"、"公路自行车竞技旅游基地"。

规划整合区域内生态及文化景观资源，结合生态项目策划，并充分对接周边索河风景区、九真山风景区、沉湖湿地公园等旅游资源，打造两条精品旅游线路。一是"渔·樵·耕·读"乐活生活主题游线，意在"畅游山林湿地、追溯农耕文化"，二是"宫·商·角·澂·羽"音乐主题游线，意在"高山流水觅知音"。构建了"一带一环多连"的绿道网络结构，将绿道分为城市级主干绿道、地区级环线绿道、规划绿道支线三个等级，绿道总长115公里，串联起规划区各主要旅游景点。绿道沿途按照服务半径，结合主题区生态项目，设置2处一级服务点和10处二级服务点。

2.7　支撑体系

外部交通构建"两纵两横"的快速集散通道，有效衔接至区域高快速路系统中；内部交通构建"三纵四横"的内部联系通道，实现各个片区之间的便捷交通联系。

3　规划特色

该规划在编制过程中，多次召开专家研讨会审议方案，并充分征求区政府、区水务局、区园林局等单位的意见和建议。规划于2014年10月经市政府办公厅批复，现已纳入武汉市"一张图"管理系统，全面指导该地区的规划管理及编制工作（图4~图9）。

全面完善给水、排水、电力、消防、环卫系统等市政设施配套体系。

本规划在全面吸收成都"198"地区生态规划编制经验的同时，积极探讨武汉地区的新情况、新特点，在以下几个方面做出了创新。

一是以建设美丽乡村为目标，秉承"两保一增"的生态规划理念——近几年，深圳、上海、成都、广州等各大城市都在积极开展生态建设的探索工作，但大都采用土地捆绑的一级开发模式。本次规划将秉承以"保护生态环境，保留村庄风貌，增加休憩功能"为核心的生态规划理念，传承"山、水、乡愁"。

二是从"三农"问题调查与研究入手，创新城郊生态区保护与发展机制——坚持保护优先的方针，深入细致调查研究"农民、农村、农业"的现状问题与出路，合理利用生态资源，优化产业结构，引入旅游休憩功能，吸引市民参与，致富当地农民，努力推进经济社会与生态环境协调发展。

三是探索实施性规划新路径，策划生态项目库，引领全市生态绿楔建设——作为1：2000基本生态控制线法定化后，武汉市首次开展的生态绿楔总体规划，规划将对生态绿楔主导功能进一步明确，实现绿楔生态功能项目化，提出绿楔规划实施新路径。

四是实践"三规合一"的规划手段，保障生态优先，实现有序建设——鉴于生态绿楔复杂多元的要素结构，根据新形势要求，规划将统筹城乡规划、土地规划和国民经济社会发展规划，探索"三规合一"规划模式，实现生态项目在空间管控、用地指标、项目立项上的有效协同。

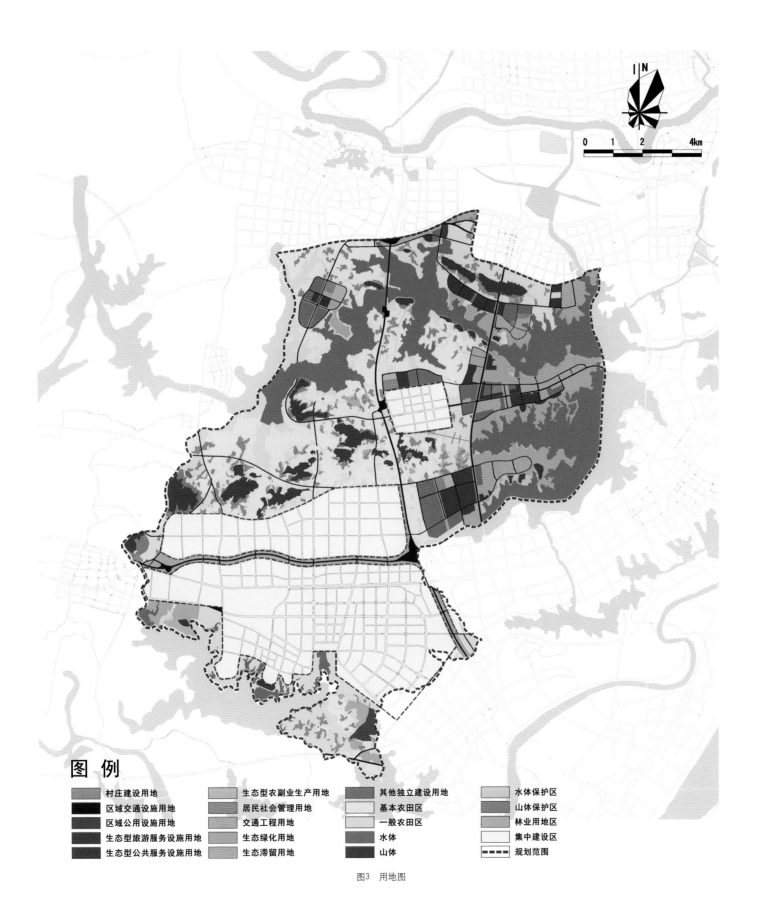

图例

村庄建设用地	生态型农副业生产用地	其他独立建设用地	水体保护区
区域交通设施用地	居民社会管理用地	基本农田区	山体保护区
区域公用设施用地	交通工程用地	一般农田区	林业用地区
生态型旅游服务设施用地	生态绿化用地	水体	集中建设区
生态型公共服务设施用地	生态滞留用地	山体	规划范围

图3　用地图

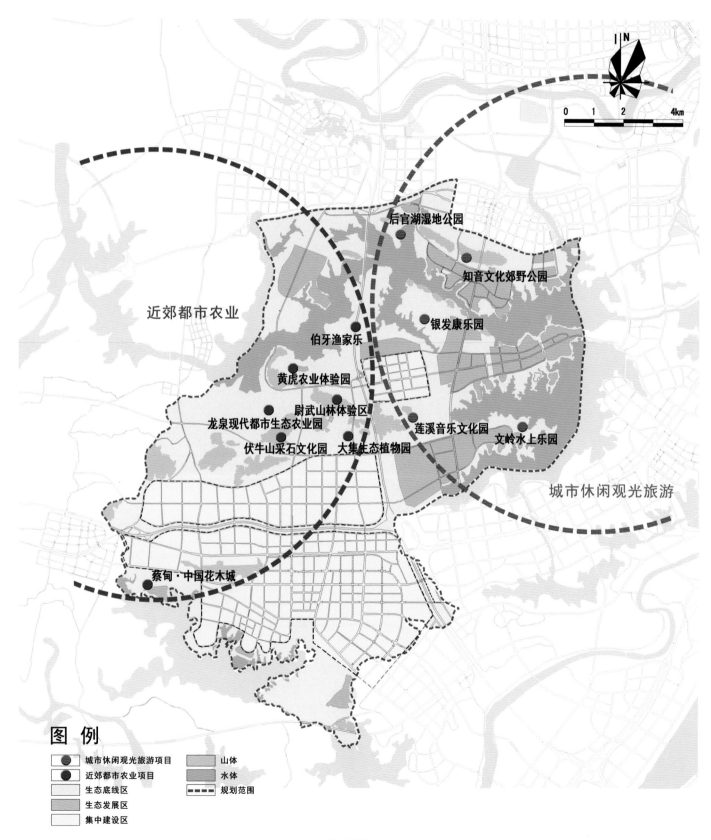

后官湖湿地公园

知音文化郊野公园

近郊都市农业

银发康乐园

伯牙渔家乐

黄虎农业体验园

尉武山林体验区

莲溪音乐文化园

龙泉现代都市生态农业园

文岭水上乐园

伏牛山采石文化园　　大集生态植物园

城市休闲观光旅游

蔡甸·中国花木城

图　例

● 城市休闲观光旅游项目　　　　山体

● 近郊都市农业项目　　　　　　水体

生态底线区　　　　　　　　　规划范围

生态发展区

集中建设区

图4　项目分布图

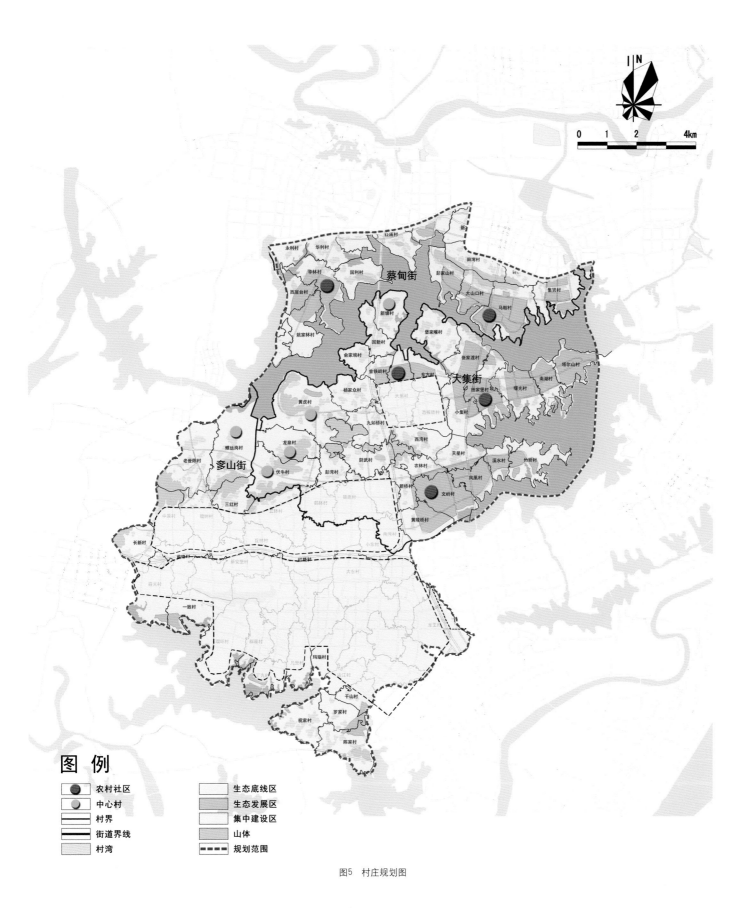

图5 村庄规划图

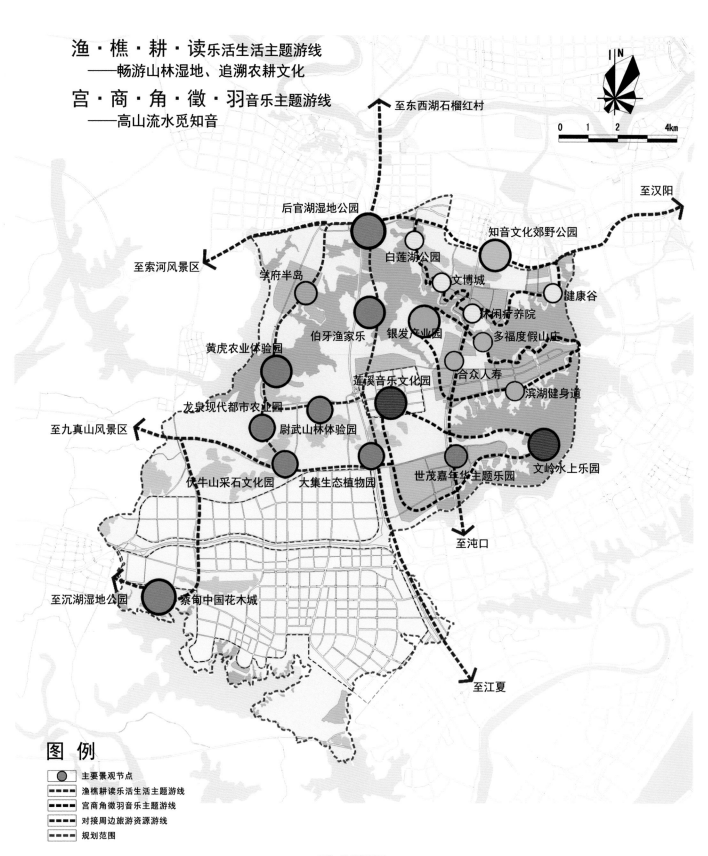

渔·樵·耕·读乐活生活主题游线
——畅游山林湿地、追溯农耕文化

宫·商·角·徵·羽音乐主题游线
——高山流水觅知音

至东西湖石榴红村

至汉阳

后官湖湿地公园

知音文化郊野公园

至索河风景区

白莲湖公园

学府半岛

文博城

健康谷

休闲疗养院

伯牙渔家乐

银发产业园

多福度假山庄

黄虎农业体验园

莲溪音乐文化园

合众人寿

滨湖健身道

龙泉现代都市农业园

尉武山林体验园

至九真山风景区

文岭水上乐园

伏牛山采石文化园

大集生态植物园

世茂嘉年华主题乐园

至沌口

至江夏

至沉湖湿地公园

蔡甸中国花木城

图 例

⬤	主要景观节点
▪▪▪▪	渔樵耕读乐活生活主题游线
▪▪▪▪	宫商角徵羽音乐主题游线
▪▪▪▪	对接周边旅游资源游线
▪▪▪▪	规划范围

图6　旅游规划图

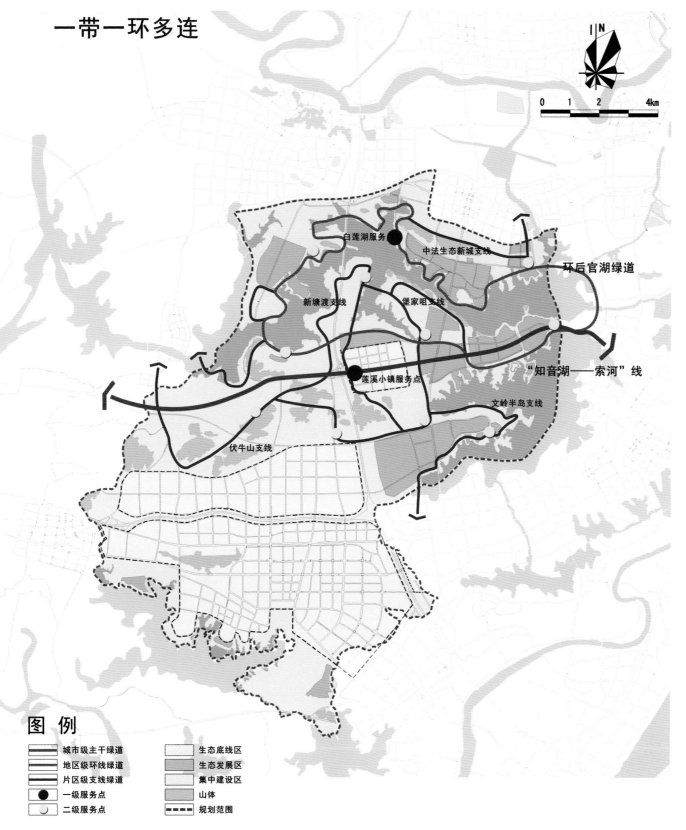

一带一环多连

N

0 1 2 4km

白莲湖服务
中法生态新城支线
环后官湖绿道
新塘渡支线　堡家咀支线
"知音湖——索河"线
莲溪小镇服务点
文岭半岛支线
伏牛山支线

图 例

	城市级主干绿道		生态底线区
	地区级环线绿道		生态发展区
	片区级支线绿道		集中建设区
●	一级服务点		山体
◑	二级服务点		规划范围

图7　绿道规划图

243

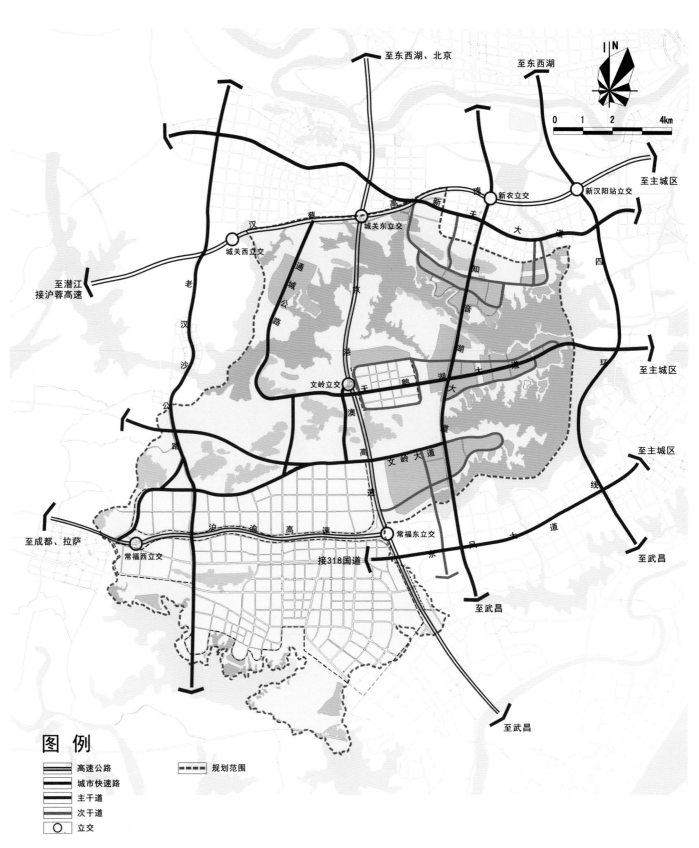

至东西湖、北京

至东西湖

至主城区

汉蔡高速

城关东立交

新农立交

新汉阳站立交

城关西立交

至潜江
接沪蓉高速

通城公路

港大道

知音湖大道

环线

至主城区

老汉沙公路

文岭立交

王鹅湖大道

至主城区

文岭大道

至成都、拉萨

常福西立交

沪渝高速

常福东立交

接318国道

武大道

至武昌

至武昌

至武昌

图　例

	高速公路
	城市快速路
	主干道
	次干道
◯	立交

- - - - 规划范围

图8　交通规划图

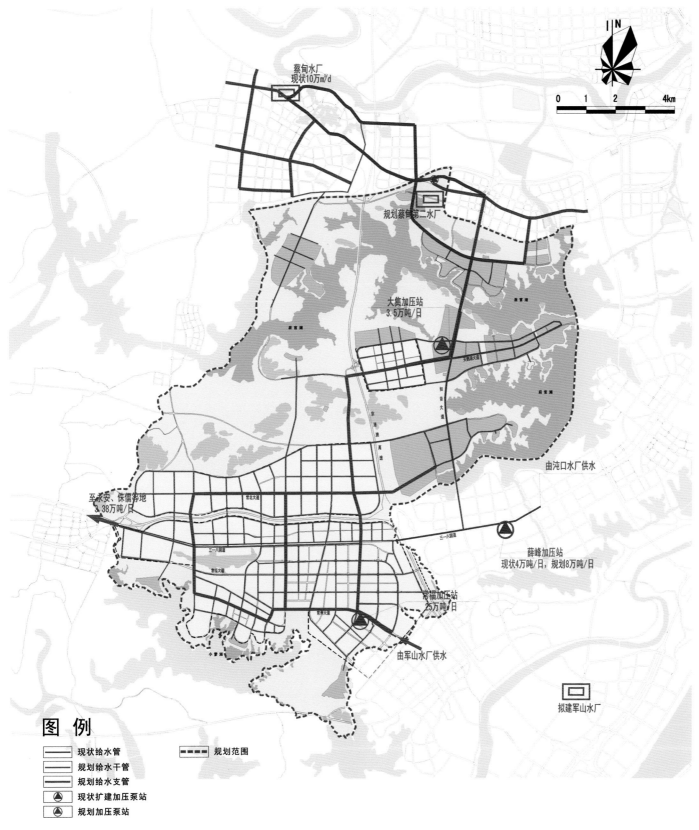

图9　给水规划图

武汉市三环线城市生态带规划

Wuhan Third Ring Road Urban Ecological Zone Planning

1 规划背景

三环线城市生态带作为武汉市生态内环，是承担主城与新城的隔离功能、防止城市无序蔓延的重要屏障。武汉市委、市政府高度重视三环线城市生态带的控制和建设工作。阮成发书记就三环线的建设作出指示"中心城和卫星城之间要有绿化隔离带，要制定强制性的规定和措施，一定要把这个空间给它留出来"。2014年武汉市政协十二届三次会议也将推进三环线生态带建设纳入2号议题案，要求切实推进三环线生态带建设。

为进一步指导三环线沿线绿化种植，切实推进三环线的建设工作，武汉市国土资源和规划局组织开展了《三环线城市生态带实施性规划》的编制工作。

《三环线城市生态带实施性规划》提出"道路与风景同行，都市与绿意同在，书百里山水卷轴，谱三环绿色乐章"的蓝图愿景，围绕三环线构建"内引外联，绿带成环，多点串珠"，"一环串多珠"的景观结构，并通过积极保护、横向协调的方式，完善三环线生态带绿化植被及生物物种的多样性，践行生态保育与休闲人文项目开发相结合的积极保护方式；提出生态旅游、休闲体验、体育运动为主导的发展功能，并通过开展详细设计指引予以细化；依托功能策划，形成"一环串多珠"景观形态。该规划于2014年3月19日武汉市国土资源和规划局召开专题技委会审议并通过。目前，三环线生态带在武汉市委、市政府的指导下正全面进行建设。

2 规划内容

2.1 规划目标

（1）对沿线用地开发及建设情况进行逐一盘点，锁定用地边界，并对范围内既有项目开展项目清理，提出相应处置意见。

（2）在明确边界基础上，结合上位规划要求及自身生态资源禀赋，进一步明确三环线"一环串多珠"涉及的"森林带、生态区和33珠"提出建设指引。

2.2 明确边界

2.2.1 锁定边界

依照《武汉市都市发展区1：2000基本生态控制线》划定三环线城市生态带控制范围，作为三环线城市生态带边界确定的基础。

2.2.2 项目清理

依据《武汉市基本生态控制线管理规定》、《关于加强武汉市基本生态控制线规划实施的决定》、《基本生态控制线内既有项目清理及处置意见》等相关规定及指导意见，对三环线城市生态带内既有项目开展项目清理，按照"保留、整改、迁移"三种方式，制定项目处置方案，引导范围内功能优化。

2.2.3 "一区一图"、坐标控制、指导下阶段规划编制

以行政区为单位，对范围内既有项目、农村居民点进行详细摸底调查，形成"一区一图"成果形式，最终确定三环线城市生态带的边界（图1）。

2.3 三环线城市生态带建设指引

依据上位规划，进一步明确三环线"一环串多珠"内涉及的"森林带、生态区、33珠"提出建设指引，为实施建设提供依据（图2）。

（1）森林带

对三环线沿线"内50米，外200米"的森林带的沿途景观形象、植被高度、宽度、密度及色彩进行引导（图3）。

（2）生态区

对三环线"外200米至500米"范围内生态区范围内主体形象、引导生态功能、植被绿化的疏密布置、色彩、树冠高度等进行引导与控制。

（3）33珠

对"33珠"中涉及的6个生态郊野公园以及27个城市公园开展现状建设情况摸底。对尚未开展建设的公园提出合理的形象定位，景观意向要求。通过开展围绕生态、休闲为主题的项目策划，明确各公园的引导功能，进而提出植物形态、色彩等建设指引，以更好指导建设。

3 规划特色

三环线作为一条隔离主城和远城区的生态景观道路，其开发建设必须立足于行车安全、生态隔离之上，兼顾都市游憩功能。在新发展机遇下，寻求一条合理保护与有效利用的平衡路径。

（1）在规划理念方面，是践行武汉市"1+6"城市发展格局，及武汉市"建设国家中心城市"及"国际大都市"的远景战略目标的实施路径之一；同时也是落实我市生态底线控制的重要落脚点之一，充分强调了积极保护、合理发展的规划理念，对改善城市生态环境、完善城市生态格局，建设国家园林城市都起到了示范作用。

（2）在规划手段上，探索"科学、理性"规划，通过生态敏感性、生态功能、类型和群落分析，强调多

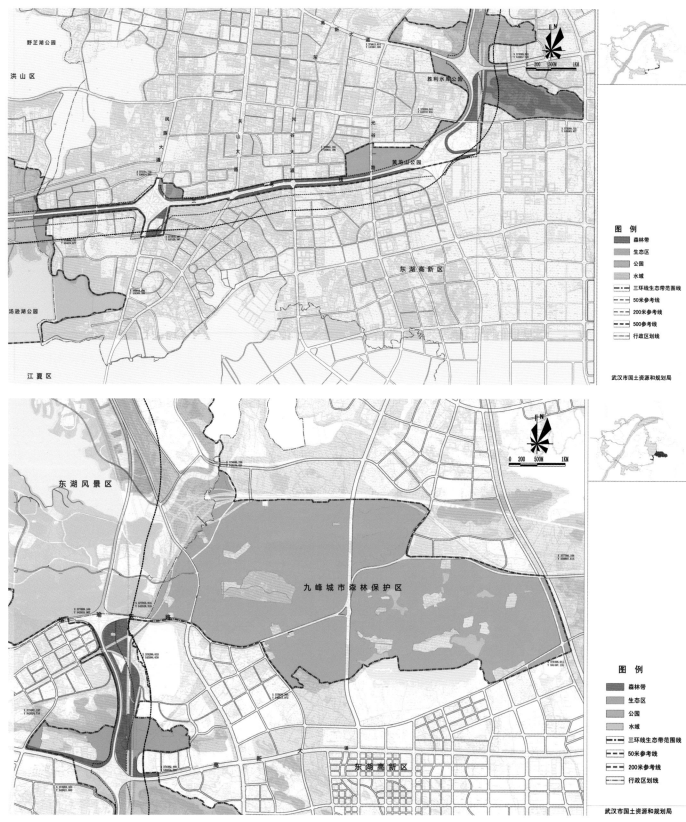

图1 一区一图，坐标控制的成果形式

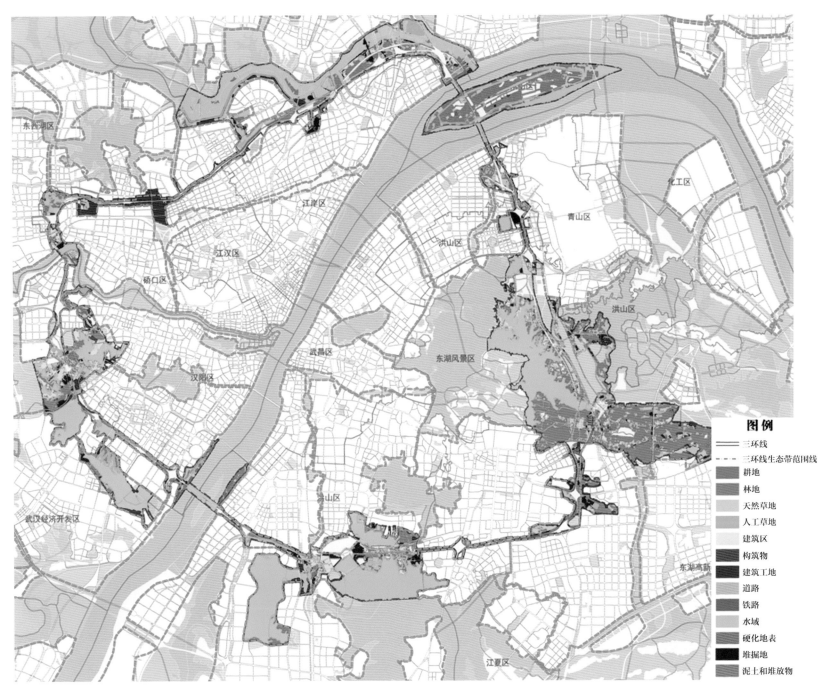

图例

——— 三环线
------ 三环线生态带范围线
■ 耕地
■ 林地
□ 天然草地
■ 人工草地
□ 建筑区
■ 构筑物
■ 建筑工地
■ 道路
■ 铁路
■ 水域
■ 硬化地表
■ 堆掘地
■ 泥土和堆放物

图2 基于卫星影像图斑的实时监控与建设实施评价

学科联合，跨区对接的方式，保证各部门、各区对三环线城市生态带沿线管理及发展愿景有效衔接。

（3）在编制内容上，规划强调可实施性。基于现状植被条件、交通区位、周边发展态势等，有针对性策划一系列体育、休闲项目，项目充分结合现状基础条件，可快速改善三环线城市生态带沿线社会、经济及景观风貌。

（4）在规划落实机制上，以区为单位，通过"一区一图、坐标控制"的成果形式，锁定绿化用地边界，并按照统一设计、统一目标、统一标准、统一控制原则，明确实施主体、分期、分区、分部门予以实施。同时，规划编制完成后，项目组长期跟踪三环线城市生态带建设，分析总结三环线城市生态带建设经验及教训，建立"影像监控，数据分析，实时评估，问题剖析，对症下药"的长效评估与监控机制。

4 规划实施

规划编制完成后，以该规划为指导，调动全市相关部门的力量，加快三环线沿线城市生态带的建设：一是沿线绿化建设取得了一定成效。截至2015年3月，规划绿化用地中81.9%控制为绿化、耕地与水体。三环线森林带绿化景观效果基本形成，已实施可见绿的区段接近全线的85%。二是沿线建设管控力度加大，2014年3月~2015年3月规划实施期间，"主城内50米，主城外200米"范围内未新增建设用地，违法建设活动也得到了有效的遏制。三是沿线各区政府及相关部门启动实施了一批重点建设工程，包括杨春湖公园、张毕湖公园、青山公园、戴家湖公园及园博园等城市公园，沿线良好的生态景观界面也已基本成型。

图3 三环线城市生态带实施效果图

武汉东湖绿道系统暨环东湖路绿道实施规划
Wuhan East Lake Greenway System Implementation Planning

1 规划背景

2014年时任武汉市委书记阮成发在"研究2015年城建工作思路专题会议"上要求进一步提升完善武汉市城建理念，"让城市安静下来"，并指出绿道建设是实现"让城市安静下来"的重要载体，要重点建设世界级水平的环东湖路绿道，以此提升东湖风景区旅游内涵，激发东湖活力，并成为提高武汉城市品位和市民生活品质、幸福感的重大举措。按照"让城市安静下来"高层次城建理念的新转型、结合市民生活品质提升的新需求、东湖风景名胜区良性发展的新要求以及东湖隧道通车的新契机，武汉市国土资源和规划局高度重视，采取"联席会议、专家领衔、公众参与、多方案比选"等方式，积极推进《武汉东湖绿道系统暨环东湖路绿道实施规划》编制工作，武汉市土地利用和城市空间规划研究中心绿道项目组团队在前期规划竞赛中脱颖而出，成为最终规划编制团队。规划范围为武汉市东湖风景名胜区范围，总面积约为62平方公里。

2 规划内容

规划秉承"公众参与观、国际化视野、大区域视角、一体化思维、全过程规划"的规划理念，避开就绿道论绿道的狭隘规划观，全方位打造世界级东湖绿道。

2.1 以公众参与为根本，共同畅想东湖绿道建设

规划充分尊重公众意见，以公众参与为根本出发点，通过众规平台线上调研、线下问卷调查、公众采访、认知地图、专家访谈等手段，多方面采集公众意见，形成"独特共识的定位，连续贯通的体系，开放便利的功能，丰富多样的景观，舒适安全的交通"的公众畅想。并在调研数据的基础上，采取定量与定性结合的分析方法，利用聚合分析法、SPSS统计分析法，从受众人群、景区交通、出游方式、景点认知、绿道选线、规

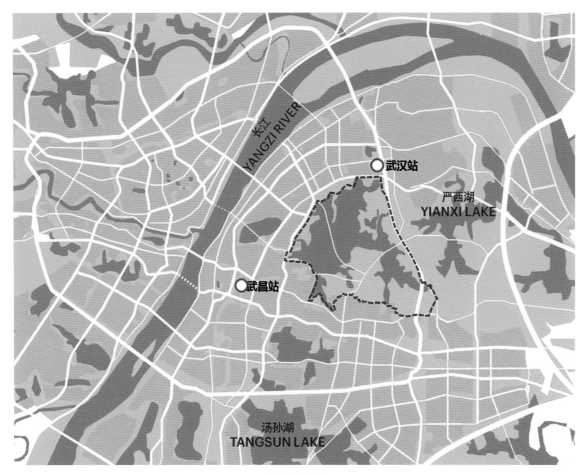

图1　规划范围

划建议等方面对问卷调研数据进行整理，同时利用GIS平台解析公众理想的绿道选线、驿站、绿道入口以及停车场设施位置、景区受欢迎度，形成关于东湖绿道定位、绿道选线、交通组织、功能提升、景观塑造等多方面的总结，并相应运用于后续绿道规划中（图1~图3）。

2.2　以国际化视野为立足，提出世界级水准绿道的建设目标

规划在充分解析绿道的界定及世界级绿道建设标准基础上，准确把握东湖绿道"毗邻世界最密集的大学城"及"世界最大的城中湖"两大资源，总结东湖"旷、野、书、楚"特质，提出打造"具书香气质、具大美神韵、具人文生态的世界级滨湖绿道"，锁定"世界书香·滨湖绿道"规划定位，形成"信步东湖畔，纵览书香城"规划意境。

2.3　以大区域视角为导向，夯实世界级绿道建设基础

规划通过剖析"东湖后花园认知"形成的根本原因，在2012年《武汉市绿道系统建设规划》"层级+尽端"绿道构建方式基础上，提出以大区域为背景的绿道体系建构观。通过重新梳理区域绿道体系，将东湖片区通过城市绿道主干线直接与城市功能区进行联系，从而避免尽端式构建方式造成的相对孤立局面。通过打破传统层级与尽端式绿道网建构方式，以大区域生态格局为根本，采取直接串联方式构建形成"6+3"区域绿道体系，构成东湖"D+H"主干绿道结构。

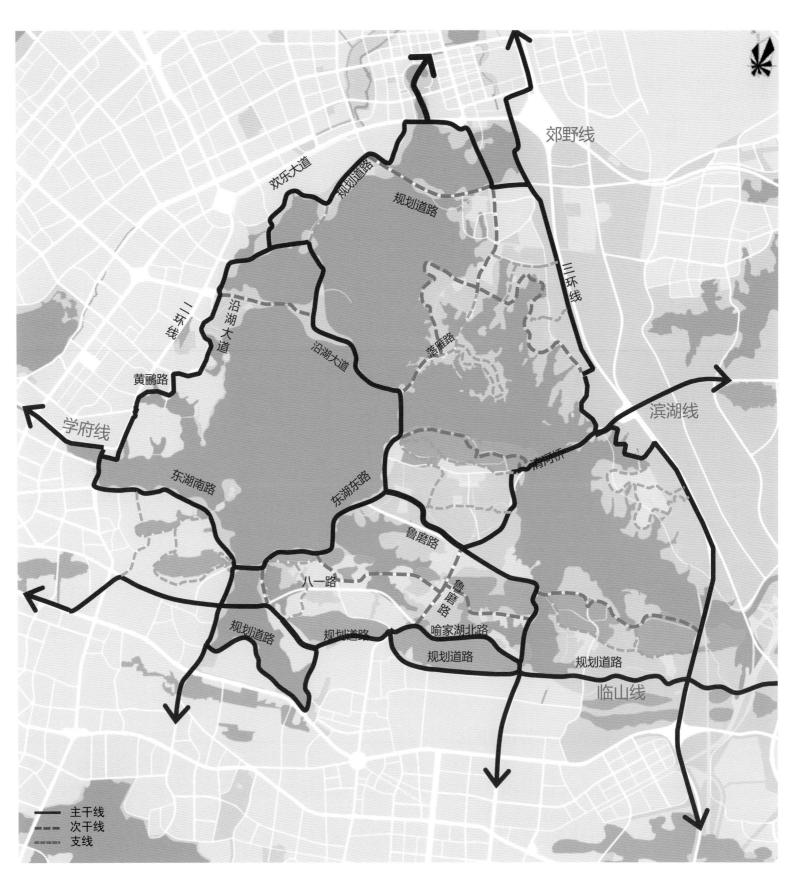

郊野线

欢乐大道

规划道路

规划道路

二环线

三环线

沿湖大道

沿湖大道

落雁路

黄鹂路

滨湖线

学府线

清河桥

东湖南路

东湖东路

鲁磨路

八一路

鲁磨路

喻家湖北路

规划道路

规划道路

规划道路

规划道路

临山线

主干线
次干线
支线

图2　东湖绿道体系

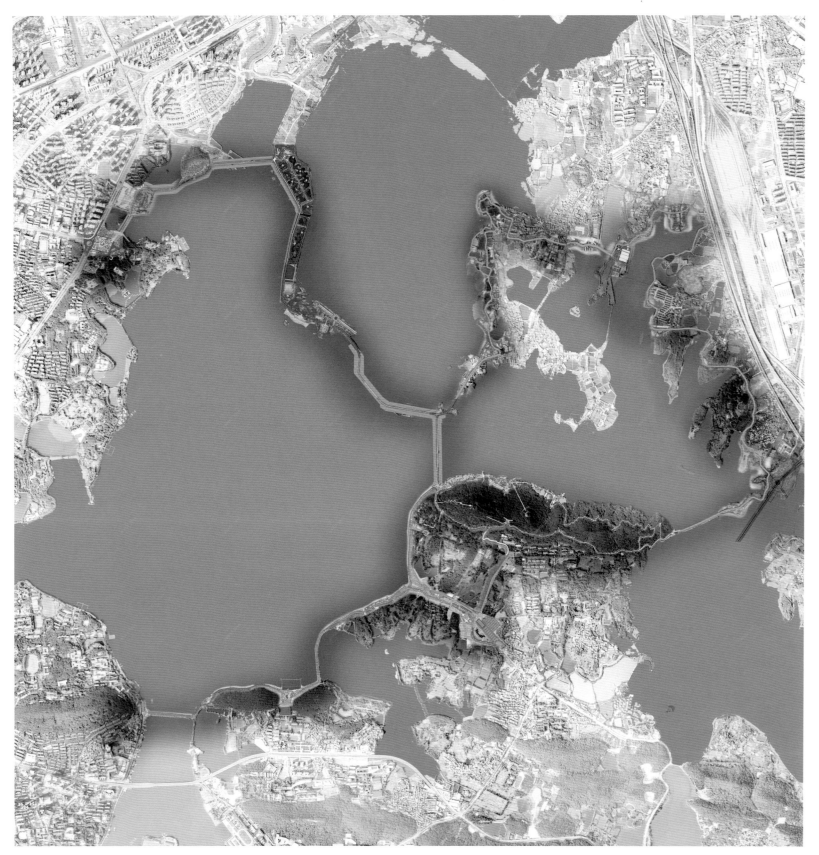

图3 东湖绿道一期线路示意

2.4 以一体化思维为触媒，让东湖绿道具备世界级元素

规划提出"以道提升、以道串珠、以道开导"，全面提升东湖品质和内涵，实现与城市功能、景观、基础配套全面提升。在功能上，规划通过策划全球性金融论坛、外事会议、学术论坛、大学文化节、国际赛事及其他节事庆典活动，扩大东湖国际影响；通过完善东湖入口体系、开放景点和高校公共资源，提升旅游配套功能，以增强东湖开放度。通过激活景中村，策划不同时段及主题的活动与游线，提升东湖内生活力，强化东湖深度体验内涵。在景观上，规划立足东湖景观特质，强化"旷"、"野"、"书"、"楚"的景观体验，根据景源集聚度、可达性及视线开敞度，沿绿道合理设置重要观景界面和观景点，构建观景眺望系统；通过驳岸生态处理、植被修复与优化、实施"大东湖生态水网工程"改善东湖水体质量等措施修复不利生态环境；通过打开校园开放空间，彰显书香魅力；利用现有楚文化氛围，营造"楚文化"主题景观，强化楚文化体验；精心打造东湖24景，形成6个自成体系、各具特色的赏景"微循环"；运用多种造景手法，塑造近、中、远多层次景观感受。在基础设施上，规划形成"内慢行、外车行"分区分级的交通组织体系，并设置"9（P+R换乘接驳点）+5（大型临时停车场）+11（分散停车场）"停车接驳体系，同时构建3级驿站体系及公交循环系统，提供交通诱导系统、智能网络系统、低碳配套设施，打造完善、便利的绿道服务系统。

2.5 以全过程规划为手段，全面打造世界级东湖绿道

规划通过层次分明的三级绿道体系、塑造多样绿道类型、策划特色功能项目、组织各类旅游线路、构筑安全便捷到达交通和内部交通体系、建造"6+20+N"三级服务驿站网络、设计简洁独特标识系统、细化分级分区绿廊控制、全面构建具备完整体系的绿道系统。为进一步确保可实施性，规划按照建设先易后难、串联现状重要节点、道路交通工程支撑以及尊重公众调查意愿等原则，明确以环郭郑湖、环团湖落雁片区及磨山绿道等为近期实施段，以及相应中期和远期实施段，并分别从建设时间、长度、建设类型、配套设施、联动工程以及交通方案进行了具体安排。规划根据近期实施段绿道走线，打造湖山道、湖中道、郊野道、磨山道这4个绿道主题段，并结合不同路段的地域特征，通过断面改造、主题区域设计，实现市民"漫步湖边、畅游湖中、走进森林、登上山顶"的体验（图4～图6）。

3 规划特色

3.1 方式创新上，开创了公众参与规划编制的新局面

该项目是武汉市在全国首次运用互联网思维、吸纳公众智慧的尝试，实现了从众筹到众规的飞跃。规划通过武汉市"众规平台"的搭建，提供了市民亲自参与规划的途径，通过后台数据分析，规划将公众理想的绿道选线、驿站、绿道入口以及停车场设施位置等内容纳入规划结论。

3.2 对象创新上，全国首次在国家级风景名胜区内进行的系统化绿道设计

规划实现了绿道规划与风景名胜区的结合，通过系统化的绿道规划，有机串联了风景区各个景点，全面提升风景区的内涵。

3.3 理念创新上，真正实现从经济追求到人本主义的转变

规划从公众需求出发，提出开放磨山景区、校区等公共空间，全面禁行原机动车道以及通过运用台阶、

观景平台、过街连廊等手段，联系城市重要区域与亲水空间，营造功能展示和人行体验的互动空间，实现了以人为本的规划思路。

3.4 新技术运用上，通过建立GIS平台辅助绿道路径选择

规划按照"生态本底优先、城市功能串接、建设可行性、工程最小化、干扰最小化"五大原则，提取"自然、人工、历史文化"3大要素13个因子，通过AHP层次分析法相应赋值，建立基于GIS平台的选线模型，并进行公众需求、服务、上位与周边规划衔接的修正，提出大数据平台建构下的绿道路径。具备科学性和可操作性。

4 规划实施

2015年7月规划成果正式通过武汉市政府审定。按照规划时序，制定了景区开放、绿道线型、景观、配套设施及其他实施建设相关工作等方面的详细工作安排，并已完成了一期示范段修建性详细规划及选址方案编制及审批工作；同步启动一期示范段工程的景观、驿站建筑等深化设计工作。按照规划思想，计划于2016年年底全面开放磨山景区，全面禁行沿湖大道及沿湖东湖，为市民提供开放的公共休闲空间。

图4 绿道设计效果示意

图5　绿道设计效果示意

图6 东湖绿道规划鸟瞰

参考文献 Reference

[1]盛洪涛等.武汉重点功能区规划探索[M].北京:中国建筑工业出版社,2014.

[2]盛洪涛,殷毅,陈伟,彭阳.武汉重点功能区规划编制与实施一体化模式研究[J].城市规划学刊,2014,214(1):
92–98.

[3]陈韦,陈伟,彭阳.武汉汉口沿江商务区实施性规划探索[J].规划师,2013(5):42–46.

[4]张文彤,殷毅,姜涛.基于事实的规划编制机制探索[J].城市规划,2010,34(6):26–30.

[5]汤海儒.构建推进城乡规划有效实施的新平台——杭州近期建设规划年度实施计划探索[J].规划师,2011(4):
49–56.

[6]武汉市国土资源规划局.关于试行〈武汉市重点功能区实施性规划编制指引〉的通知(武土资规发【2012】124
号),2012.

[7]郑京平.中国经济的新常态及应对建议[J].经济观察[2014]:42–44

[8]武汉市国土资源和规划局,华中师范大学编制.武汉市职住平衡研究及规划对策[J]

[9]覃剑.国际金融中心发展新趋势及展望[J].海南金融,2014(05):17–20+24.

[10]闫彦明,何丽,田田.国际金融中心形成与演化的动力模式研究[J].经济学家,2013(02):58–65.

[11]王耀武,由宗兴.金融产业布局中城市规划的作用机制[A].中国城市规划学会:和谐城市规划——2007中国城
市规划年会论文集[C].中国城市规划学会,2007:5.

[12]周珂慧,甄峰,张文博.基于GIS的中心城区金融服务业布局优化研究——以潍坊市奎文区为例[J].规划师,
2010(05):80–84,96.

[13]由宗兴,李晓航,曾繁忱,钟辉.金融产业空间布局理论模型构建[J].北京规划建设,2015(02):116–119.

[14]张丽拉.关于科学规划我国金融产业空间布局的思考[J].经济问题探索,2011(02):166–169.

[15]李倩.北京丽泽商务区金融产业布局的空间规划研究[J].中国城市经济,2008(08):77–79.

[16]潘英丽.论金融中心形成的微观基础——金融机构的空间聚集[J].上海财经大学学报.2003(5):54–56.

[17]黄解宇,杨再斌.金融集聚论——金融中心形成的理论与实践解析[M].北京:中国社会科学出版社.
2006:85–86.

[18]王红.引入行动规划,改进规划实施效果[J].城市规划.2005(4):43.

[19]刘宣,蒋峻涛,贺传皎等.金融产业后台服务外移过程中的区位选择——以珠三角地区为例[J].城市规划学刊.
2006(6):82–84.

[20]宋泓明.北京商务中心区(CBD)与国际金融业发展.北京:中国社会科学出版社.2005:3,9.

[21]解放军理工大学地下空间研究中心.杭州市钱江新城核心区概念性规划方案[Z].2003.

[22]中国工程院课题组.中国城市地下空间开发利用研究[M].北京:中国建筑工业出版社,2001.

[23]李春.城市地下空间分层开发模式研究[D].上海:同济大学,2007.

[24]束昱,郝磊,路珊等.城市轨道交通综合体地下空间规划理论研究[J].时代建筑,2009(05).

[25]童林旭.地下空间与城市现代化发展[M].北京:中国建筑工业出版社,2005

[26]胡斌,向鑫,吕元,杜修力等.城市和新奇地下空间规划研究的实践认知[M].地下空间与工程学报,2011(08).

[27]严怡瑾,赵晶心.关于道路用地集约化规划设计的探讨[J].上海城市规划,2015(3),94–98.

[28]段里仁,毛力增.以人为本:城市交通科学发展观的核心理念[J].运输管理,2012(3),37–41.

[29]潘海啸,汤諹,吴锦瑜.中国"低碳城市"的空间规划策略[J].城市规划学刊,2008(06),57–64.

[30]崔红建,刘世铎.对构建合理城市交通结构的重新认识[J].交通企业管理,2008(6),42–43.

[31]叶彭姚,陈小鸿.基于交通效率的城市最佳路网密度研究[J].中国公路学报,2008(4):94–98

[32]于一丁,涂胜杰,王玮,余俊.武汉市重点功能区规划编制创新与实施机制[J].规划师论坛,2015(1),10–14

[33](美)约翰·伦德·寇耿,菲利普·恩奎斯特,理查德·若帕波特.城市营造:21世纪城市设计的九项原则[M].南

京：江苏人民出版社, 2013.

[34]姜洋, 王悦, 解建华. 回归以人为本的街道：世界城市街道设计导则最新发展动态及对中国城市的启示[J]. 国际城市规划, 2012(05).

[35]邵莉, 吕杰. 重塑城市街道的生活空间——济南市泉城路商业街空间环境设计[J]. 建筑学报, 2003(11).

[36]盛建荣, 蔡燕. 基于"楚河·汉街"的人性化设计研究[J]. 华中建筑, 2015(04).

[37]武汉市国土资源和规划局.《武汉中山大道景观提升规划》及后续改造详细设计, 2012–2015.

[38]郭大军, 杨毅栋, 李荔. 城市历史街区文化传承与创新策略初探——以杭州市拱宸桥桥西历史街区保护为例[A]. 见：多元与包容——2012中国城市规划年会论文集[C]. 2012.

[39]喻涛. 北京旧城历史文化街区可持续复兴的"公共参与"对策研究. 北京：清华大学. 2013.

[40]王景慧. 历史文化名城的保护内容及方法[J]. 城市规划, 1996(1): 15–17.

[41]阮仪三, 孙萌. 我国历史文化街区保护与规划的若干问题研究[J]. 城市规划, 2001(10) .

[42]亢德芝, 曹玉洁, 李鸣凯. 借鉴"三坊七巷"思考"昙华林"历史街区的改造[A]. 见：城乡治理与规划改革——2014中国城市规划年会论文集[C]. 2014.

[43]李孟颖. 全球气候变化背景下湿地系统的碳汇作用研究——以天津为例[J]. 中国园林, 2010(6): 27–30.

[44]王凤珍, 周志翔, 郑忠明. 城郊过渡带湖泊湿地生态服务功能价值评估——以武汉严东湖为例[J]. 生态学报, 2011, 31(7): 1946–1954.

[45]刘向华. 生态系统服务价值评估方法研究——基于三江平原七星河湿地价值评估实证分析[M]. 北京：中国农业出版社, 2009: 124.

[46]高密度城市环境的生态设计——高雄洲仔湿地的城市生态思考[J].现代城市研究, 2006(01): 15–24.

[47]潮洛蒙, 俞孔坚. 城市湿地的合理开发与利用对策[J]. 规划师, 2003(07): 75–77.

[48]张英云, 张玉钧. 基于水环境保护的湿地公园规划探讨——以山东拥翠湖国家湿地公园为例[J]. 湿地科学与管理, 2013(1): 14–17.

[49]赵民. 特约访谈：乡村规划与规划教育[J]. 城市规划学刊. 2013(3): 5.

[50]朱查松, 张京祥, 罗震东. 城市非建设用地规划主要内容探讨[J].现代城市研究, 2010(3): 32–35.

[51]艾勇军, 肖荣波. 从结构规划走向空间管制——非建设用地规划回顾与展望[J]. 现代城市研究, 2011(7): 64–66.

[52]谢英挺. 非城市建设用地控制规划的思考[J]. 城市规划学刊, 2005(4): 35–39.

[53]陈志诚. 快速城市化冲击下城市生态隔离区的规划应对——以厦门市后溪北部生态绿楔片区发展规划为例[J]. 规划师, 2009(3): 34–38.

[54]尹科, 王如松, 姚亮, 梁菁. 基于生态复合功能的城市生态共轭生态管理[J]. 生态学报, 2014(34)：1–6

[55]叶林, 邢忠, 颜文涛. 生态导向下城市边缘区规划研究[J]. 城市规划学刊, 2011(6): 68–76.

[56]蒋万芳, 肖大威. 农村住宅建设管理的思考与探讨——以广东省增城市为例[J]. 规划师, 2011(2): 83–92.

[57]刘李峰, 牛大刚. 加强农民住房建设管理与服务的几点思考[J]. 城市规划学刊, 2009(6): 41–49.

[58]武汉市基本生态控制线管理规定（市政府令224号）[S]. 2012.

[59]余杭区农村村民建房管理办法[S]. 2013.

[60]常德市武陵区生态缓冲区农村村（居）民住宅建设管理办法（试行）[S]. 2012

[61]陈诚. 成都旧城改造模式研究[J]. 规划师, 2013(08).

[62]郑婷兰, 范恩海. 棚户区改造问题及解决对策分析[J]. 建筑经济, 2015(10).

[63]杨荣华, 麦高波, 叶铭. 基于共同缔造理念的棚户区改造方案研究[J]. 建筑经济, 2015(10).

图书在版编目（CIP）数据

武汉重点功能区规划实践 / 盛洪涛等编著 .
—北京 : 中国建筑工业出版社 , 2017.1
（武汉市重点功能区实施规划丛书）
ISBN 978-7-112-20302-4

Ⅰ . ①武… Ⅱ . ①盛… Ⅲ . ①城市规划—研究—武汉 Ⅳ . ① TU984.263.1

中国版本图书馆 CIP 数据核字 (2016) 第 323406 号

责任编辑：徐晓飞　张　明
责任校对：李欣慰　张　颖

武汉市重点功能区实施规划丛书

武汉重点功能区规划实践

武汉市国土资源和规划局　武汉市土地利用和城市空间规划研究中心　主编
盛洪涛　等编著

*

中国建筑工业出版社出版、发行（北京海淀三里河路 9 号）
各地新华书店、建筑书店经销
北京雅昌艺术印刷有限公司制版
北京雅昌艺术印刷有限公司印刷

*

开本：889×1194毫米　1/12　印张：22　字数：550千字
2017年1月第一版　2017年1月第一次印刷
定价：**198.00**元
ISBN 978-7-112-20302-4
（29767）